一本让你少走无数弯路，少奋斗5年的命运计划书

30岁知道就晚了：年轻人必知的101条成功定律

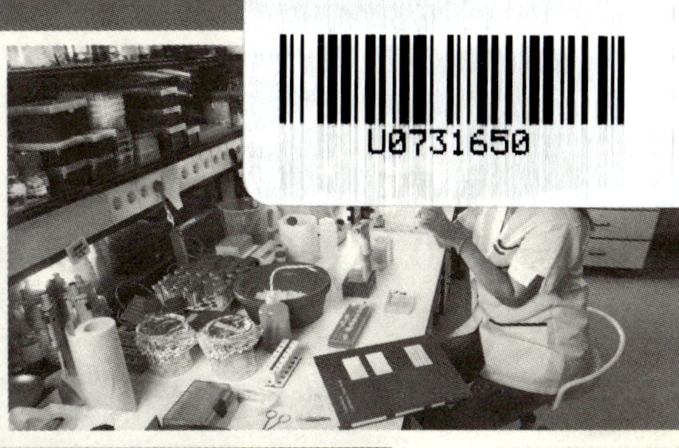

三十岁前要规划自己

邓刚 著

黑龙江科学技术出版社

图书在版编目（CIP）数据

三十岁前要规划自己 / 邓刚主编. -- 哈尔滨：黑龙江科学技术出版社, 2016.3
ISBN 978-7-5388-8661-0

Ⅰ. ①三… Ⅱ. ①邓… Ⅲ. ①成功心理—青年读物
Ⅳ. ①B848.4-49

中国版本图书馆 CIP 数据核字(2015)第 290408 号

三十岁前要规划自己
SANSHISUI QIAN YAO GUIHUA ZIJI

作　　者　邓　刚
责任编辑　侯文妍
封面设计　白思平
出　　版　黑龙江科学技术出版社
　　　　　地址：哈尔滨市南岗区建设街 41 号　邮编：150001
　　　　　电话：（0451）53642106　传真：（0451）53642143
　　　　　网址：www.lkcbs.cn　www.lkpub.cn
发　　行　全国新华书店
印　　刷　北京市通州兴龙印刷厂
开　　本　710 mm × 1 000 mm　1/16
印　　张　15.5
字　　数　180 千字
版　　次　2016 年 3 月第 1 版　2016 年 3 月第 1 次印刷
书　　号　ISBN　978-7-5388-8661-0/ Z · 1288
定　　价　29.80 元

前　言

30岁前的年轻人，要经历人生的重要转折点：参加工作——从毕业到就业，从学校到社会。

这就是说，年轻的我们需要面临升职加薪、开创事业等一系列挑战，而能否应付这些挑战，也是影响年轻人成功的一个关键。

成功是一个相对广义的概念，作为平民，不是每一个人都能取得比尔·盖茨、李嘉诚那样的成就，但是每个年轻人都应该拥有自己的梦想，最起码升职加薪或者开创事业这样的目标还是要有的。

其实，年轻人能否成功，主要取决于自身的心智成熟度。心智成熟的人，他们大都有以下的一些共同特点：做人成功、目标明确、信念恒定、心态成熟、务实肯干、珍惜机会、人脉广博、善于合作、懂得创新、习惯良好、注重细节等。

以上这些要素都是成功人士的成功经验，更是成功人士津津乐道的成功定律。

相信，每个30岁前的年轻人都有梦想；相信每个30岁前的年轻人都渴望实现自己的梦想；因此，每个30岁前的年轻人都值得掌握一种实现梦想的工具——成功定律。

为此，将这本成功定律奉献给渴望成功的年轻人，愿每个人马到成功，梦想成真！

目 录

做人成功，做事业才能成功

关于成功，不同的人有不同的理解。有人认为出名是成功，有人认为获利是成功，有人认为有权才算是成功，然而真正意义上的“成功”应该是做人的成功。

成功者之所以成功，在于做人的成功；失败者之所以失败，在于做人的失败。古人说的“修身、齐家、治国、平天下”同样强调做人成功是处世的第一要素。

虽然说，现代社会不一定需要你去治国、平天下，但不论你做什么工作，如果你想事业有成，就要明白一个道理：做人优于做事，做人成功，做事业才能成功。

做人成功，做事业才能成功，因为做人是做事情的前提，做事失败可以重来，做人失败却不能重来。

世界变了，人工智能、纳米技术、遗传工程，世界正一日千里地发展着。可是自古以来人得以立世的基本规则——诚实、信用、敬业、责任等等，并没有随着瞬息万变的当代生活而发生根本改变。它们没有随着流行的时尚而大幅度摇摆，顶多只有少许的调整，其中的绝大部分压根儿就没变。

只有过了做人这一关，你才能谈到做好事。做人是需要原则的，而这些原则是看不到的，都是在做事的过程中体现出来的。这就像经济学上的价值规律，大家都知道价值规律的存在，但人们用肉眼是看不到价值规律的，而只能从商品价格的波动中体现出来。

弗莱明是一个穷苦的苏格兰农夫。有一天他在田里劳作时，听到附近泥沼里有人发出求助的哭声。他急忙放下农具，跑到泥沼边，发现一个小孩掉到粪池里。弗莱明赶紧把这个小孩从死亡线上救了回来。

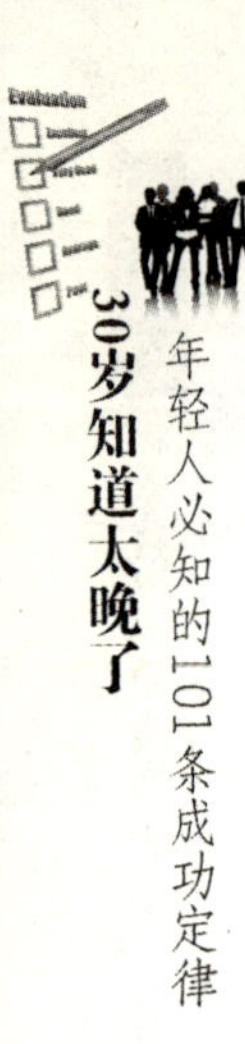

隔天，有一辆新奇的马车停在农夫家门口，从车里走出来一位优雅的绅士，他自我介绍是那位被救小孩的父亲。

绅士说："我要报答你，你救了我小孩的性命。"

农夫说："我不能因救你的小孩而接受报酬。"

就在这时，农夫的儿子从茅屋走出来，绅士问："那是你的儿子吗？"

农夫很骄傲地回答说："是。"

绅士说："我们来个协议，让我带走他，并让他接受良好的教育。假如这小孩像他父亲一样，他将来一定会成为一位令你骄傲的人。"

农夫答应了。

后来，在绅士的资助下，农夫的小孩从圣玛利亚医学院毕业，并成为举世闻名的弗莱明·亚历山大爵士，他就是盘尼西林的发明者。1944 年，他受封骑士爵位，并得到诺贝尔医学奖。

这是个付出而不期望回报却出人意料地得到回报的故事。而之所以赢得这些回报，是他们在人际交往时无意间呈现的高风亮节和人格魅力。是的，在这个世界上，人们最敬佩、尊重并渴望报答的，是那些具有高尚品德和良好声誉的人，不管他是一个伟人，还是一个农夫。

有个人想成为大富翁，便到上帝那里乞求。上帝一时心热，便给了他一篮子品德。

那个人苦恼地说："上帝呀，我要的是金钱呀！"

上帝说："没错呀，我给你的是品德，因为品德能使你换来金钱呀！"

那个人不解地回到人间，广泛散布上帝给他的东西。几年后，他果然成为一位大富翁。

这个寓言故事说明了一个道理，就是品德能够创造财富。现实生活中也是这样。一家军工企业生产民用家具，在一批货发出后，发现有一张桌子少漆了一遍。经查找，这张桌子已经被顾客买走了。于是厂方便通过电台连续广播了半个月，寻找那位买主。没想到，此项举措虽然没找到买主，却引来了 12 家商场愿意包销该厂产品的好事。

做人成功首先体现在一个人的品德上。品德的力量无处不在，凡是取得成功的人士最终都是做人的成功。"仁者乐山，智者乐水。"品德是一个人立世、成功的根基，如果你在 30 岁前做人失败，那恐怕你的一生成功的机会就很少了。

定律2:

把自己当成一家公司来经营

成功的人生是经营出来的。因此年轻人要想成功,就要把自己当成一家公司来经营。

无数成功人士告诫我们,凡是成功的人,都拥有一种最简单也是最重要的品质,就是经营自己。他们总是把自己当成一家公司来经营,作为一家企业来经营。

这正是无数成功人士在机遇来临之际能飞跃成功的秘密。

你有没有遇到过这样的困惑:有一天你去参加同学聚会,发现十年前在你看来是"笨蛋"的家伙,现在已经变成了杰出的年轻企业家,或是某行业内的精英,日进斗金、风光无限、呼风唤雨。你会对自己的亲人回忆说:"他当年可是一点都不出色,成绩排在倒数,调皮捣蛋,总是被老师批评,实在看不出他是什么人才,我当时觉得他可能会糊里糊涂地过一辈子呢!"

而你,当年可是全班乃至全校的学习尖子,老师眼中的未来之星。可是现在,你却只能每天朝九晚五地去做普通的上班族,是连家人都不知道怎么安慰你这个失意者。

你想没想过,和昔日同窗相比,你混得不如意的原因是什么呢?

他的起点很低,但善于经营自己,保持优点;

你的起点很高,却不懂得经营自己的重要性。

这就说明,虽然大家都在追求成功,可由于手段和策略不同,结果就有很大的不同。随着岁月的流逝,你们两个人的人生轨迹将完全不同,他是上行线,而你却是下行线。

当年的你可能很风光,而他很落魄,但是仅仅几年过去,你们两个人的境况就发生了天翻地覆的变化。

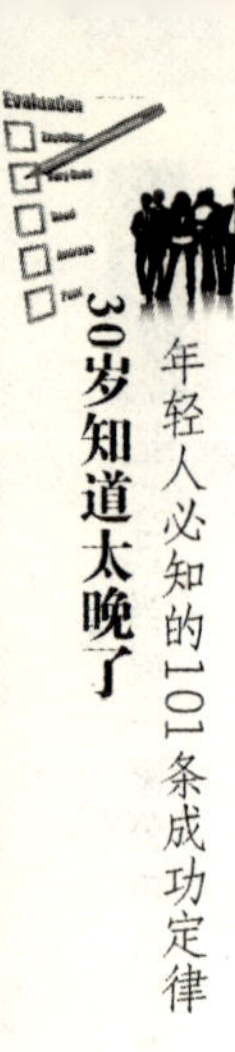

说到这里，可能很多人会感叹造化弄人，其实不然，每个人的命运都是由自己把握的，就像企业的命运也是由管理者来掌握一样。

你也许会抱怨自己缺乏机会，而他却赶上了成功的机会，这是上天对自己不公。

然而，事实真的如此吗？你之所以没有成功，是因为你总是为自己找不负责任的借口罢了！

事实上，机会并不是等来的。如果你把自己当作一家公司来经营的话，实力一天天增强，你的机会就会越来越多，若干年后同学聚会时，你就能成为最闪亮的那个。

把自己当做一家公司来经营，不仅需要顾及短期的获利，还要考虑长期的远景。经营自己，甚至比经营一家企业还要深奥。这既是勇气的考验，也是智慧和眼光的比拼。

将自己当成一家公司来经营，就要学会分析自己的优点和缺点，扬长避短，为自己制定一份合理的长期计划。

然后按照这个长期计划，开始逐步实施，时刻让自己保持奋斗的动力。

每天你只需迈出一小步，1000 天以后你已经到达了很高的高度。

每天你只是在原地踏步，1000 天以后你还在原地踏步，无所收获。

成功很不容易，但绝不是没有规律可循。

犹太人有一个二八黄金率，按照这个规律的分析，既无勇也无智的人占人类总数的 80%，有勇无谋者与智勇双全者占 20%。而在这 20% 的人群中，再次运用二八黄金率，又可得出：有勇无谋者占 80%，智勇双全者只占 20%。

经过再一轮的继续剖析，恐怕真正的成功者所占的比率连 1% 都达不到。为什么别人可以做到智勇双全，而自己就做不到呢？希望自己像别人一样成功的人，就一定要思考这个问题。

结合犹太人二八黄金率，想一想智勇双全者如何经营自己？因为他们明白自己的优势，并能精心培育，发展壮大。

事实上，很多失败者，就是失败在不知道自己想做什么，并且否定自己，不明白自己的优势，精力都放在了感叹命运上，而不是研究和挖掘自己的潜力上。

成功者以最简单的情绪，挑战最艰难的任务。

失败者以最复杂的情绪，面对最简单的任务。

因此，成功者和失败者的最大区别就是：成功者经营自己，并且不宽容自己的错误；失败者放纵自己，缺乏人生策略。

一个人要想拥有一个成功的未来，取决于他怎么看待自己，如何策划自己的一生。有志于成功的年轻人，此刻的你学会为自己的人生布局了吗？

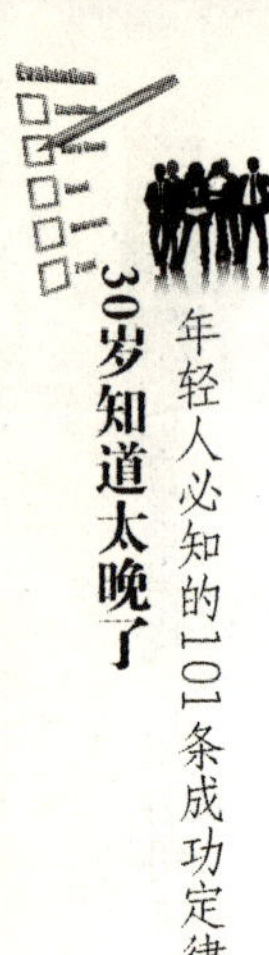

定律3：

忠诚守信，是做人的根基

有一个年轻人跋涉在漫长的人生路上，到了一个渡口的时候，他已经拥有了“健康”、“美貌”、“诚信”、“机敏”、“才学”、“金钱”、“荣誉”七个背囊。渡船开出时风平浪静，说不清过了多久，风起浪涌，小船上下颠簸，险象环生。艄公说：“船小负载重，客官需丢弃一个背囊方可安渡难关。”年轻人哪一个都舍不得丢，一时间情形变得十分危急。艄公又说：“有弃有取，有失有得。”年轻人思索了一会儿，把“诚信”抛进了水里。

艄公凭着娴熟的技术，乘风破浪，终于将年轻人送到了彼岸。艄公淡淡地说：“年轻人，我们定一个约定吧：当你不得意时，就回来找我。”年轻人随意地答应着，却不以为然。他以为，有了身上的六个背囊，他不会有不得意的那一天。

确实，不久，他就靠金钱和才学拥有了自己的事业；凭着荣誉和机敏，他睥睨商界，纵横无敌；而健康和美貌更是令他春风得意，娶得如花美妻。他渐渐地忘记了摆渡的艄公，忘记了被抛弃的“诚信”。

当他人到中年时，总是做着同一个梦：他坐在一艘小船里，正惬意地游荡，突然风起浪涌，他被掀入急流之中。他并不下沉，只是水向他的七窍冲来，耳、眼、鼻皆安然无事，水却冲他唯一的弱处——口，猛灌起来，他感觉到自己开始沉没……

他无数次在梦里惊醒。但这次却是被电话铃声叫醒，电话那头传来惊恐急躁的声音：“老板，最近风声太紧，那事是否先停一下。”他似乎也开始慌张失措：“不行，不行……停不了了……”也不知怎么挂的电话。他知道电话那头的“那事”是什么。多年来，他欺骗了所有的人，包括他的对手和亲人。他多次将商品以次充好，他承包的建筑全是豆腐渣工程；他透支着他的荣誉和才能，劝说身边所有人投资于他，而他却把资金用于贩卖毒品和军火走私；他出入高楼大厦，天天酒池肉林，热衷于夜生活，他的健康和美貌悄然飞逝；他一掷千金，豪赌无度，他背叛妻子，频频外遇。

以上这一切都只能解释为他没有诚信！

因为没有诚信，他失却荣誉、金钱以及他的事业、爱情等一切，他锒铛入狱。这时，他想起了那个渡口，想起了艄公的话。

很多年之后，从监狱里出来，他直奔渡口。艄公已不在，只有一条小船依稀当日模样。年轻人也已垂垂老矣。

从此，渡口多了一个老艄公，无人渡河，人们总能看到他独自摇晃在风浪中，似乎在寻找着什么。

孔子曾说："人而无信，不知其可也。"有记者采访美商摩根大通集团台湾区负责人郭明鉴，在问他"专业与人际关系到底哪一个比较重要"时，他沉思了许久才回答："没有专业，我们的人际关系都是空的。但是，在专业里，有一条是最难得，就是信任，而这也是一个人做人的根本。"

东汉末年，张劭和范式一起在京城洛阳读书，由于志趣相投，他们结下了深厚的友谊。分手时，张劭望着天空飞过的大雁说："今日一别，不知何时才能再见范兄一面?"说到动情处，就流下泪来。范式看到此情景，忙拉着张劭的手说："张兄，莫要悲伤，两年之后，金秋时节，我一定去拜望令堂，并与你相会。"

很快就到了约定的时节。一日，张劭听到了大雁的叫声，便引起了相思之情，对母亲说："刚才我听到雁叫，秋天已经到了，范式马上就来看我们了。我们准备准备吧！"

母亲不相信："傻孩子，他离我们这里一千多里路啊！怎么会说来就来呢?"

张劭认真地说："范式为人诚恳、极守信用，一定会来的。"

老妈妈尽管不信，但嘴上说："好好，他会来，我去做点东西准备准备。"

约定的日子到了，范式果然赶来了。旧友重逢，自然高兴无比。张劭的母亲在一旁激动地掉泪，感叹地说："张劭有这么一个讲信用的朋友，这是他的福分啊！"

诚信是年轻人做人之本，是一种美德，它会吸引周围的人跟随你，故而你的朋友也会越来越多。反之，当你的诚信一点点消失，如同一个骗子，所有的朋友都会用怀疑、歧视的眼光看着你，没有人会把你当朋友了。

诚信的品格，就如同漂亮的衣服能美化你的外表一样，会增加一个人的魅力。在与人交往的过程中，你必须要坚持诚实、守信的原则。

诚实守信，不仅是成功年轻人必备的一种美德，更是赢得别人信任的基础。背信弃义轻则失去朋友，重则众叛亲离，所以，希望广结天下宾朋的成功年轻人，一定要诚实守信，不断提高自己的信誉度。

30 岁前如果你还没有建立起忠诚美誉，那么这一性格缺陷将会困扰你的一生。

拉尔夫·沃尔都·爱默生说："人生最美丽的补偿之一，就是人们真诚地帮助别人之后，同时也帮助了自己。"一个人最大的资本是什么？不是金钱和权力，而是拥有信用，就是让每一个人都信任你。试想，当与你交往的每一个人都把你当可以信赖的朋友时，还有什么能阻挡你成功的脚步呢？

定律4：

你的能力远比你想象的要高很多

生活中总能听到一些年轻人说："我没有那个能力"、"我不行的"。这么普通的一句话，却让人有一种恨铁不成钢的感觉，一个人为什么要这样悲观地看自己？为什么不说"我能行，我一定能行！我相信自己！"人不能自高自大、狂妄不羁，但是也不能妄自菲薄。

做人想要成功，只有相信自己才会走得更远一些。没有尝试，没有实际的行动，你永远都不知道自己到底有多大的能力！

相信自己——这是你成功迈出的第一步，也是最为坚实的一步。只有相信自己的能力，你才能有进一步向前走的可能。但是，自信并不等于自负。在自信的前提之下，你要善于听取意见，因为只有这样你才会汲取百家之长，来充实自己。

这是发生在非洲的一个真实的故事。

6名矿工在很深的井下采煤。突然，矿井坍塌，出口被堵住，矿工们顿时与外界隔绝。大家你看看我，我看看你，一言不发。他们谁都能看出自己所处的状况。凭借经验，他们意识到自己面临的最大问题是缺乏氧气，如果应对得当，井下的空气还能维持3个多小时，最多3个半小时。

外面的人一定已经知道他们被困了，但发生这么严重的坍塌就意味着必须重新打眼钻井才能找到他们。在空气用完之前他们能获救吗？这些有经验的矿工决定尽一切努力节省氧气。他们说好了要尽量减少体力消耗，关掉随身携带的照明灯，全部平躺在地上。

"人生最重要的才能，第一是无所畏惧，第二是无所畏惧，第三还是无所畏惧。"在大家都默不作声，四周一片漆黑的情况下，很难估算时间，而且他们当中只有一人有手表。

所有的人都向这个人提问题：过了多长时间了？还有多长时间？现在几点了？

时间被拉长了，在他们看来，2 分钟的时间就像 1 个小时一样，每听到一次回答，他们就感到更加绝望。

他们当中的负责人发现，如果再这样焦虑下去，他们的呼吸会更急促，这样会要了他们的命的。所以，他要求由戴表的人来掌握时间，每半小时通报一次，其他人一律不许再提问。

大家遵守了命令。当第一个半小时过去的时候，这人就说："过了半小时了。"大家都喃喃低语着，空气中弥漫着愁云惨雾。

戴表的人发现，随着时间慢慢过去，通知大家最后期限的临近也越来越艰难。于是他擅自决定不让大家死得那么痛苦，他在告诉大家第二个半小时到来的时候，其实已经过了 45 分钟。谁也没有注意到有什么问题，因为大家都相信他。在第一次说谎成功后，第三次通报时间就延长到了一个小时。他说："又是半个小时过去了。"另外 5 人各自都在心里计算着自己还有多少时间。

表针继续走着，每过一小时大家都收到一次时间通报。外面的人加快了营救工作，他们知道被困矿工所处的位置，他们很难在 4 个小时之内救出他们。

4 个半小时到了，最可能发生的情况是找到 6 名矿工的尸体。但他们发现其中 5 人还活着，只有一个人窒息而死，他就是那个戴表的人。

这就是信心的力量。如果你认为并且相信自己能够更进一步，那么成功的可能性就更大。

信心是一种心境，有信心的人不会在转瞬间就变得消沉沮丧。而没有信心的人，在遇事时，通常也就否定了自己的能力，放弃了让自己成功的机会。

所以，在很多时候，打败你的，不是外在环境，而是你的心。被自己给打败，别人再多的帮助都是徒劳。

相信自己！你将赢得胜利，创造奇迹！

请相信自己一定能行，不断地挑战自己，战胜自己！

请相信自己的能力！

如果是皮肉之伤，请相信自己对于创伤的自愈能力。如果是伤心，也请相信只要停止可怕的想象，它会不治而愈。如果你没有任何伤痛，那样的你还会惧怕人生的任何挑战吗？

要成为自己心中的人物，归结于一个简单的秘诀：现在就决定人生中，你到底想要什么，你希望未来怎样。勾勒出其中每一个细节。自始至终想象，想象那些你一直想做的事情。让它们在你的想象中都成为现实——感受它们、经历它们、相信它们，特别是在临睡前，因为人在这时最容易进入潜意识——不久你会看到它们果真变成了现实。

无论你的年纪多大，富有与否，这都不重要。开始的时间就是现在，永远都不算晚。

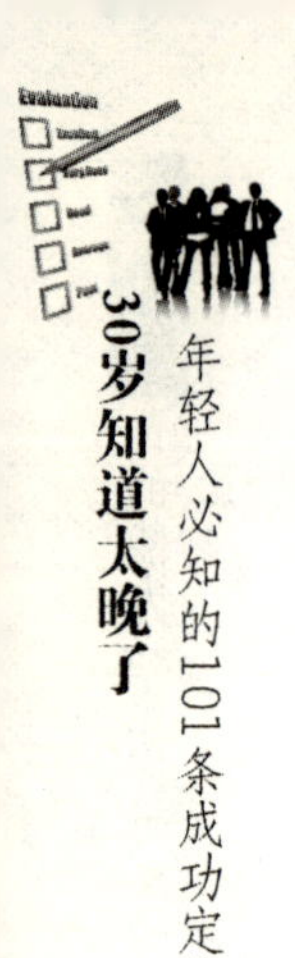

定律5：

意志力创造人，是做人成功的基石

俗话说："意志创造人"。是的，顽强的意志力可以征服世界上任何一座高山，可以实现任何看似不可能完成的事情。只有意志坚强的人才能战胜一切困难，取得成功。

顽强的毅力，坚强的意志永远是成功的保证。凭着坚强意志走下去，再强劲的敌手也会被吓退，彼岸的鲜花最终会向你招手。

一个人的意志力是巨大的，挖掘自己坚强的意志力，再加上切实的目标，那么成功就不再是一件遥不可及的事情。假如没有坚强的意志力，即使目标不那么高，要想获得成功也是很难的。因为坚强的意志力带给一个人的往往是巨大的创造精神，有了这种创造精神，还有什么不能实现呢？

一位著名的推销大师在即将告别他的推销生涯之际受邀作一场告别职业生涯的演说。

那天，会场座无虚席，人们热切焦急地等待着那位当代最伟大的推销员作精彩的演讲。当大幕徐徐拉开，人们发现舞台的正中央却吊着一个巨大的铁球。为了这个铁球，台上搭起了高大的铁架。

这时一位老者在人们热烈的掌声中走了出来，站在铁架的一边。人们惊奇地望着他，不知道他要做出什么举动。

这时，两位工作人员抬着一个大铁锤，放在老者的面前。老者请两位身体强壮的人，到台上来。

老人请他们用这个大铁锤，去敲打那个吊着的铁球，直到把它荡起来。一个年轻人拿起铁锤，拉开架势，抡起大锤，使尽全力向铁球砸去，发出一声震耳的响声，但那吊球纹丝不动。他接着用大铁锤接二连三地砸向吊球，很快他就气喘吁吁。另一个人也不示弱，接过大铁锤把吊球打得叮当响，可是铁球仍旧一动不动。台下逐渐没了呐喊声，观众好像认定那是没用的，就等着老人作出解释。

等会场恢复平静后，老人从上衣口袋里掏出一个小铁锤，然后认真地面对着那个巨大的铁球敲打起来。

他用小锤对着铁球敲一下，然后停顿一下，再敲一下。人们奇怪地看着，老人就那样持续地做着。

10分钟过去了，20分钟过去了，会场早已开始骚动，人们用各种声音和动作发泄着他们的不满。老人不紧不慢地敲着，似乎根本没有听见人们在喊叫什么。人们开始愤然离去，留下来的人们好像也喊累了，会场渐渐地安静了下来。

就在老人敲打了大约40分钟的时候，坐在前面的一个妇女突然尖叫一声："球动了！"刹那间会场鸦雀无声，人们聚精会神地看着那个铁球。那球以很小的幅度动了起来，不仔细看很难察觉。老人仍旧一小锤一小锤地敲着，吊球在老人一锤一锤的敲打中越荡越高，终于场上爆发出一阵阵热烈的掌声，在掌声中老人转过身来，慢慢地把那把小锤揣进兜里。

老人开口讲话了，他只说了一句话："在成功的道路上，你如果没有意志坚持下去，等待成功的到来，那么，你只好用一生的耐心去面对失败。"

爱默生说过："伟大高贵的人物最明显的标志就是他坚定的意志，无论环境变化到何种地步，他的初衷与希望都不会有丝毫的改变，最终能克服障碍，到达他所企望的目的。"

意志力强的人，心中充满了无限的可能性，他相信一切都是足以超越的，只要你认为"能"，你就一定"能"。

有志于成功的年轻人，请记住：意志力是推动一个人走向成功的动力，拥有坚强意志的人永远不会被眼前的困难吓倒，也不会迷失前进的方向，因为他们的心里只有永不放弃的目标。

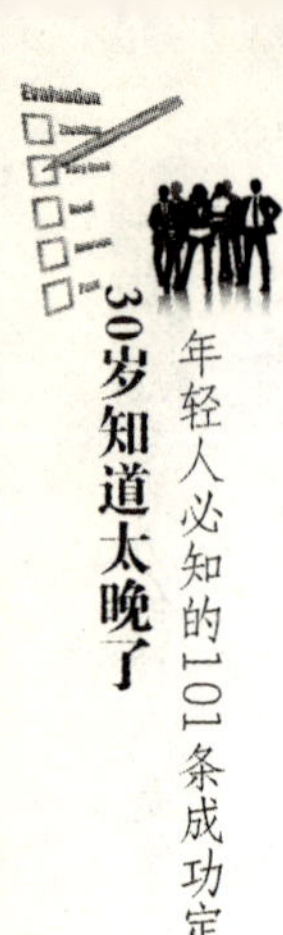

定律6：

燃烧的热忱，是造就成功的有力武器

一个人成功的因素有很多，而居于这些因素之首的就是热忱。

英文中的“热忱”是由两个希腊字根组成的，一个是“内”，一个是“神”。事实上一个热忱的人，是有神在他的内心里。热忱也就是内心里的光辉——这种炽热的、精神的特质深存于一个人的内心。

多丽·帕顿出生在美国田纳西州赛维县一个只有两间房大小的木棚里，她在12个孩子中排行第四。全家靠她父亲在一小块山地上辛勤劳作来勉强糊口。多丽·帕顿生来并不比别人强。她早年过着山里人最贫穷的生活，木棚为家，洗刷操劳，困苦不堪。然而，多丽赋予了自己某种特别的东西，她不愿成为拖儿带女的山里妇人。多丽赋予了自己对生活的热忱。

多丽从孩提时代开始学习歌唱，5岁就能创作歌词，她母亲替她写下来。7岁时，多丽·帕顿用旧乐器的残件制作了自己的吉他。第二年，一位叔叔送给她一把真正的吉他。她一直坚持练唱。

上高中了，她没有什么漂亮衣服，但她有了自己的梦想。她的一个妹妹后来回忆说：“多丽向别人讲自己的梦想时，一点儿也不害羞。在我们生活的山区，没有一个人这样想过，孩子们当然会笑话她。”

多丽·帕顿一辈子都在歌唱。她成了第一位唱片销量过百万张的明星。她的热忱永不停息。

多丽·帕顿的生活为我们提供了一个例证。她使我们懂得了如何利用热忱促使自己行动——迈向自己的目标，努力奋进，直到成为你生活的主宰。

什么叫“热忱”？并不是说你应该一天笑到晚，也不是说你应该对周围的一切都感到满意。那不是热忱，那只是盲目乐观的人，坚持不了几天。

相反，生活中所需要的热忱更多的是一种思考和追求的方式，它这样劝慰人们：“生活是美好的，通往成功的路总会有的。”

当你拥有热忱时，你看到的不是事物的反面，而是它的正面。你会发现，每个人、每一件事都有其闪光之处。

热忱和积极心态以及生活过程之间的关系，就好像汽油和汽车引擎之间的关系一样：热忱是行动的动力。

热忱是一股力量，它和信心一起将逆境、失败和暂时挫折转变成为行动。借着热忱你可以将任何消极表现和经验转变成积极表现和经验。

对生活充满热忱会为你带来许多好处：

增强你的思考能力，丰富想象力；

使你精神愉悦，说话更有说服力；

使你的工作不再那么辛苦；

使你拥有更吸引人的个性魅力；

使你获得自信；

强化你的身心健康；

建立你的个人进取心；

更容易克服身心疲劳。

让你的生活充满热忱吧，让你的热忱发挥作用吧，让你的热忱洋溢于你今天的生活，让你的热忱帮助你最终走向成功。

麦克阿瑟将军在南太平洋指挥盟军的时候，办公室墙上也挂着一块牌子，上面写着这样的座右铭：

你有信仰就年轻，疑惑就年老；你有自信就年轻，畏惧就年老；你有希望就年轻，绝望就年老。岁月只能使你皮肤起皱，如果失去了热忱，就损伤了灵魂。

这是对热忱最好的赞词。

“失去了热忱，就损伤了灵魂。”点燃你热忱的心灯，灵魂的火焰才有足够的力量把造成天才的各种材料熔炼于一炉。

热忱的心灯一经点燃，其报偿必然是积极的行动、成功、快乐和幸福。

是的，热忱是造就成功的最有力武器。没有热忱，不论你有什么能力，都发挥不出来，这绝不只是一般单纯而美丽的话语，而是迈向成功之路的航标。

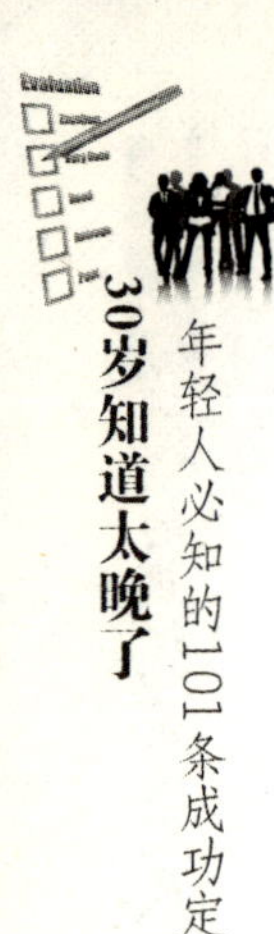

定律7:

锋芒毕露易招灾,藏而不露可自保

俗话说:“枪打出头鸟。”锋芒毕露可能会招致毁灭性的灾难,是做人处事的一个致命弱点,而要弥补这个弱点就应该做到利而不露,不该出头时千万别出头。

古人讲:“人不知,而不愠,不亦君子乎!”可见不被人知,心里一定会非常失落,这是人之常情,尤其是年轻人,总是希望别人能在最短的时间内就知道自己是个不平凡的、很有成就的人。要让别人知道自己的最有效办法当然是先要引起大家的注意,而要引起大家的注意,如果只是从言语、行动方面努力的话,会很容易在言行或举止方面锋芒毕露。

锋芒是刺激人心最灵验的方法,但是如果仔细看看周围一些有人缘的人你会发现,他们与你完全相反:他们个个深藏不露,表面上看好像他们都是庸才,其实他们的才能,完全在你之上;好像个个都很讷言,其实能言善辩者大有人在;好像个个都无大志,其实很多都是拥有大志向而不愿久居人下的人。但是他们却不肯轻易在言谈举止上稍露锋芒,这是什么道理呢?

俗话说得好:人怕出名猪怕壮。因为他们有所顾忌,言语露锋芒,便很容易得罪旁人,这便有可能成为自己前进的阻力和破坏者。如果你的四周都是阻力或破坏者,在这种形势之下,你的立足点就会被推翻,哪里还能实现你远大的理想呢?

年轻人往往过于自信,在语言表达上、行为举止上锋芒太露,以至影响到他人。言语、行为之所以锋芒太露,是急于求知于人的缘故,这也是遭人妒忌的最大原因。

有这样一个人,在年轻时代就以备有“三头”自负,即笔头写得过人,舌头说得过人,拳头打得过人。在学校读书时,已是一员猛将,不怕同学,不怕师长，以为别人都不如他。初入社会还和在校时一样锋芒毕露，结果得罪了许多人。幸亏他觉悟得快，一经好友提醒便连忙负荆请罪，倒也消除了不少嫌怨，但是无心之过仍然难免，结果终究还是遭受了挫折。

俗话说，久病亦如医，他在受足了痛苦的教训后，才知道言语露锋芒，行动露锋芒，就是自己为自己前途设立荆棘，有时为了避免再犯无心之过，就故意效法古人之三缄其口，即使不得不开口，也是多方审慎，虽然“矫枉者必过其正”，但是要掩饰先天的缺点，就不能不如此。

当然，你也许会说，采取这样的办法不是永远没有人知晓自己的本事了吗？其实只要一有表现自己才能的机会，你把握住这个机会，并做出骄人的成绩来，大家自然就会知道你，赞赏你。这种表现本领的机会不怕没有，只怕把握不牢，只怕做出的成绩不能令人特别满意。你如果已经具有真实的本领，就要留意表现的机会，如果还没有真实的本领，就要赶快准备。

易经上说：“君子藏器于身，待时而动。”锋芒对于年轻人来说，更是弊大于利。这种锋芒好比是额头上长出的角，额上生角必然会很容易触伤别人，如果你不去想办法磨平，时间久了别人必将去折你的角，角一旦被折，伤害也就大多了。

人怕出名猪怕壮，年轻人做人太喜欢露锋芒，就很可能招致灾祸，而藏其锋芒方可图日后更大的发展。

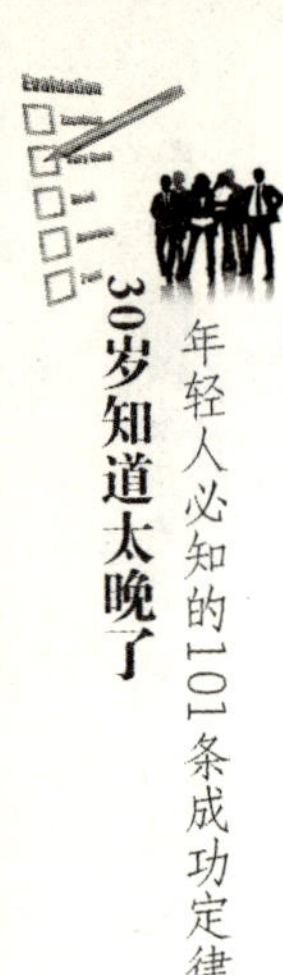

定律8：

骄傲是骄傲者的墓志铭

骄傲自大，目中无人，会让与你接触的人头痛不已，很难给别人一个好印象，从此你所能交往的新朋友，将远没有你所失去的老朋友那样多，最终你会陷入众叛亲离的绝境。试想到了那时，你做人还有什么趣味？你行事还有什么伟大的成就？你的名誉还能靠谁来传扬呢？

喜欢听评书的人对这句话一定很熟悉："人前显圣，傲里夺尊。"这通常是用来表示某个有本事的人为人心高气傲、爱出风头、喜欢高人一等的意思。在评书里，这些人或许真的是本领高强，但却很难受到别人的欢迎，其下场往往也不怎么好，最典型的就是《隋唐演义》中的罗成。罗成一生心高气傲，"气死小辣椒，不让独头蒜"的脾气没几个人受得了。在他眼里，只有自己没有别人，可以说是骄傲到家的人物。最后的结局呢？就是因为不服于人，一心求胜，被万箭穿心而死。

回到现实中来，像罗成那样骄傲的人或许很少，但让自己更优于别人，在地位上和物质上令人羡慕是大多数人追求的目标。正是这个原因，使得一些人难以安于现状，安于平淡，安于简单生活，甚至因此使他们失去了做人的本色——谦逊。

所以，这里主张做人的心眼要活一点，即使你再有本事，与人相处时也要保持谦虚的态度。

处世过于骄傲，往往很难得到他人的信任和帮助。

再说了，一将功成万骨枯，任何大的成功，丰功伟绩都不可能由一个人建立起来，都是靠无数仁人志士前赴后继、抛头颅洒热血积累起来的，没有他们，就没有所谓的盖世功名，所谓的英雄豪杰。如果一个成功者骄傲自满，把功劳全都占为己有，那他也就不是英雄，不是成功者了。事实上，不仅仅是成功者，即使是生活当中的每一个普通人，在取得成功后也都必须谨记：万勿骄傲。

骄傲自大者多以为自己无所不能，自己取得的成功是多么的了不起，可事实往往并不是那么一回事。听说过“夜郎自大”这句成语的来历吗？据说汉王朝统治中国时期，南方有一部落，称夜郎国。汉使者来访夜郎国，夜郎国王竟问使者：“汉朝有我夜郎大吗？”使者愕然。司马迁在后记中评道：“只知通道，故不知汉之广大。”。“夜郎自大”成语便出自于此。

能取得成功，固然可喜可贺，令人敬仰，但成功者骄傲多一点，就会令人讨厌多一点。人们对妄自尊大者，只会嗤之以鼻，拒之于千里之外。

汉光武帝即位后，蜀地有位叫公孙述的人，自立为王，与中央对立。与此同时，占据西北陇地的隗嚣，正困惑于不知应投靠光武帝还是归顺公孙述，于是派部下马援前往公孙述处打探。马援与公孙述原是旧知，他以为：我这次前往，公孙述定会像以前那样欢迎我。然而到蜀后，公孙述迎接他的态度如同冷水一样，十分傲慢。

看到这里，马援就对随从说：“够了！他们只是虚有其表，这种地方怎能容下天下之士呢？”

说完，便打道回府，报告隗嚣王道：“公孙述只是外强中干的家伙，充其量是个井底之蛙，不足信也。”

之后，马援又奉命去拜访光武帝。马援刚到不久，光武帝便亲自来迎接，笑容可掬地寒暄道：“久仰先生才名，今日一见，果然不同凡响！”

马援受宠若惊，说：“前几天我去拜访我的旧知公孙述，他却一副盛气凌人的姿态。这次与大王初见，即受到如此亲切的接见，不疑我是刺客，这到底是为什么？”

光武帝好言相慰，始终不摆架子。隗嚣得知光武帝为人，便立刻率部投奔汉朝。所以说，成功者做人更应该谦逊、和蔼，这样人家才愿意亲近你，你做事才有群众基础；反之，若高傲自大，人皆远之，你就成了孤家寡人了。谦虚使人进步，骄傲使人落后。因此成功者只有更为谦虚，才不至于落到孤家寡人的下场。

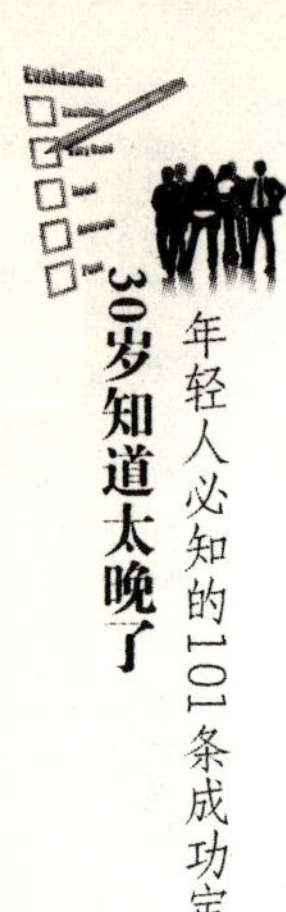

定律9：

成大事只需比常人多一点勇气

美国管理学家D·韦特莱提出:从别人不愿做的事做起。先有超人之想,后有惊人之举。成功者所从事的工作,是绝大多数人不愿意去做的。这就是说,许多成功人士并不一定比你“能”,而在于他比你“敢”,他们只是更有勇气去做。

成功在开始是一种选择,而选择是需要勇气的,就是放弃的勇气——放弃已有的东西,放弃已有的习惯。

在实现目标的过程中,需要承认错误的勇气、承担失败的勇气、战胜困难的勇气。

1. 勇气的力量有时会让你成为“超人”。

许多成功人士并不一定比你“能”,而在于他比你“敢”,要有勇气去做。在一个动物园里,饲养员每天都要喂一大盆肉给大蟒蛇吃。

有一天,饲养员突然想看看给大蟒蛇吃鸡会是什么样子。于是他就把一只活鸡关到大蟒蛇的笼子里。

这只鸡突然遭遇这飞来横祸,什么办法也没有,因为现在已被关进大蟒蛇的笼子里了。可它一想,反正是一死,不能坐着等死,也许搏斗一翻还有活命的机会呢。这样想着,它就使劲地飞起,狠狠地对着大蟒蛇猛啄起来。大蟒蛇被这突如其来的猛攻弄得措手不及,被啄得眼睛都睁不开了,根本没有还手之力。一个小时以后,大蟒蛇终于被这只小鸡啄死了。第二天,饲养员进来一看这情景,很吃惊,他被小鸡的勇敢感动了,最后把这只鸡放走了。

勇气的力量有时会使你成为超人,这就是勇气的力量。

有勇气的人是不会输的，因为任何人都无法让永不认输的人屈服。

30岁前是人生最具激情、最有勇气的时期，如果在这一时期你都不敢尝试，畏首畏尾，那么遇到上述那种场合，你只能做一只让大蟒蛇吃掉的小鸡了。

2. 敢于放弃，敢于"舍得"。

《福布斯》中国富豪榜排名第一位、个人资产总计达到83亿元的希望集团刘氏兄弟在最初创业时，个个都不缺乏野心和雄心。与一般的创业者不同，刘氏兄弟一开始就悟透了"舍得"二字。

运气偏爱勇敢的人。刘氏四兄弟刘永言、刘永行、刘永美、刘永好，本来都在国家企事业单位，都有一份好工作。老大刘永言在成都906计算机所工作，老二刘永行从事电子设备的设计维修，老三刘永美在县农业局当干部，最小的兄弟刘永好在省机械工业管理干部学校任教。他们没有像大多数有条件的创业者那样脚踏两只船，随时做着创业失败后洗脚上岸的准备。他们将自己置之死地而后生，所以能够勇往直前，从孵小鸡、养鹌鹑开始，根据实际情况随时扩张创业项目，一直发展到搞饲料、搞电子、房地产、金融和资本运作，多角经营，多管齐下，终成大业。尤为难能可贵的是，刘氏兄弟在家族企业做大以后，当兄弟之间在企业发展方向上意见相左时，能够平稳地进行产权分割，完成和平过渡，没有伤到企业元气，留下了企业进一步做大的空间。

类似刘氏兄弟这样能够如此平稳地解决家族企业产权问题，在中国家族企业中是不多见的。刘氏兄弟的第一桶金是孵小鸡所得1万元人民币，时间是2个月，投入之小以今天的眼光看基本上可以忽略不计。

刘氏四兄弟在当时都有着很好的工作，如果他们满足于这些而不敢舍得，那恐怕就没有今天的中国首富了。

"舍得"、"舍得"，有舍才有得。没有勇气舍掉的人，是难于得到的。舍掉的勇气与得到的成功是成正比例关系的。如果你希望自己创业，就不要过多犹豫，因为那样会消耗你的锐气，迟缓你的思维，最后什么事都会不了了之。

稀缺的资源才是最珍贵的资源，这个道理在职场中同样适用。如果这项工作别人都不愿意做，而你去做了，自然可以很快出人头地。成功者跟别人最大的不同就在于，他愿意做别人不愿意做的事情；一般人都不愿意付出这样的代价，可是成功者愿意，因为他渴望成功。

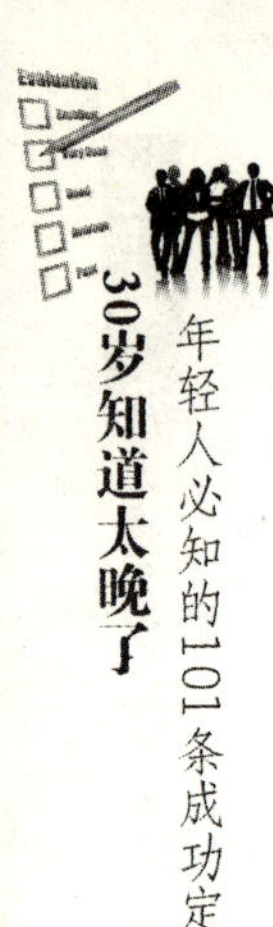

定律10:

没有自控力,就没有好的人生

伟大生活的基本原则都是包含在大多数人永远不会去注意的、最普通的日常生活经验中。同样,真正的机会也经常藏匿在看来并不重要的一些生活琐事中。

你可以立刻去询问你遇见的任何10个人,问他们为什么不能在他们所从事的工作中获得更大的成就。这10个人当中,至少有9个人将会告诉你,他们并未获得好机会。你可以对他们的行为做一整天的观察,以便对这9个人做更进一步的正确分析。

你肯定会发现,他们在这一天的每个小时当中,正在不知不觉地把自动来到他们面前的良好机会拒之于千里以外。

有一天,拿破仑・希尔站在一家出售手套的商店柜台前,和受雇于这家店的一名年轻人聊天。他告诉拿破仑・希尔,他在这家商店服务已经4年了,但由于这家商店的"短视",他的服务并未受到店方的赏识,因此,他目前正在寻找其他工作,准备跳槽。

在他们谈话中间,有位顾客走到他面前,要求看一些帽子。

这位年轻店员对这名顾客的请求置之不理,一直和希尔谈话,虽然这名顾客已经显出不耐烦的神情,但他还是不理。

最后,他把话说完了,这才转身向那名顾客说:"这儿不是帽子专柜。"那名顾客又问:"帽子专柜在什么地方呢?"

这位年轻人回答说:"你去问那边的管理员好了,他会告诉你怎么找到帽子专柜。"

4年多来,这位年轻人一直处于一个很好的环境中,但他却不知道,他本来可以和他所服务过的每个人结成好朋友,而这些人可以使他成为这家店里最有价值的人。

因为这些人都会成为他的老顾客，会不断地回来买他的货物。但是，他拒绝或忽视运用自制力，对顾客的询问置之不理，或是冷冷淡淡地随便回答一声，就把好机会一个又一个地放过了。

拿破仑·希尔把控制自制力的一系列规则称为“自制的7个C(control)”，下面分别来告诉你：

1. 控制自己的时间。

时间虽不断流逝，但也可以任人支配。你可以选择时间来工作、游戏、休息、学习……

虽然客观的环境不一定能任人掌握，但人却可以自己制定长期的计划。你能控制时间时，就能改变自己的一切。让自己每天的生活过得充实无比，今日事今日毕。

你必须记住，时间就是生命，把握时间，就是把握生命。

2. 控制思想。

你完全可以控制自己的思想以及想象力。但是，你必须记住：幻想在经过奋斗之后，才会成为现实。

3. 控制接触的对象。

或许，你无法选择共同工作或一起相处的全部对象，但是你可以选择共同度过最多时间的同伴，也可以认识新朋友，找出成功的楷模，向他们学习。

4. 控制交流的方式。

你可以控制自己说话的内容和方式。记住，你在谈话的时候，是学不到任何东西的。因此，沟通方式最主要的就是聆听、观察以及吸收。当你和他人交流沟通时，你和他人都是要通过信息来使聆听者获得一些价值，并使其了解的。

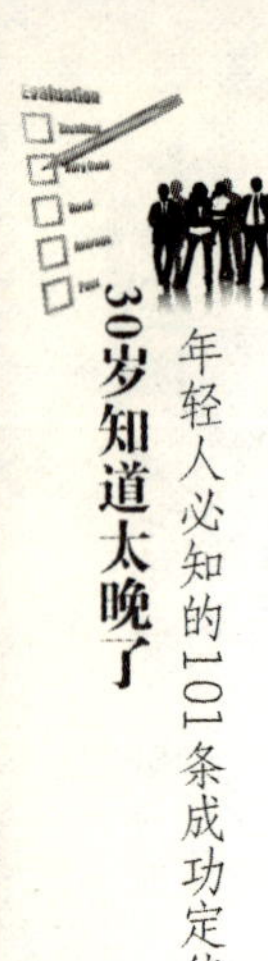

5. 控制承诺。

你应该选择最有效果的思想、交往对象及其沟通方式。你有责任使它们成为一种契约式的承诺，并定下相应的次序和期限。

当然，你一般都是按部就班，平稳地实现自己的承诺的。

6. 控制目标。

有了自己的思想、交往对象和承诺后，你就可以确定生活中的长期目标了，而这个目标也就成为了你的理想。

如此这样，你肯定有极高的理想，以及一项生活的计划，这就给了你无尽的信心和勇气。

7. 控制忧虑。

一般人最关心的莫过于如何创造一个喜悦的人生了。多数人对那些有可能威胁自己价值观的事，都会有情感上的反应。

你必定知道种瓜得瓜，种豆得豆的道理，因此，你必须为自己的行为负责。在漫长的人生旅途中，你必须面对各种困难，而从事具有挑战性的工作。自我的满足感，是在不断的努力中才可获得的。人生的真正报酬，取决于贡献的质量。不论长期或短期，你都会因自己所播下的种子，而得到收获。如同你所干的工作，必须先奉献劳务，才能谈论薪金和各种福利事项。

定律11：

自以为是当然会引人反感

有些年轻人天生具有一种独特的才能：对于任何一个主题，哪怕他们学了点皮毛，所知并不多，也会采用吹嘘、误导、分散等方法，让自己像老手一般，口若悬河，使听者如痴如醉。但这只是暂时的，一旦大家明白过来他们这么做只不过是为了获得别人的称赞以满足自己小小的虚荣心时，他们很快就会陷入孤立的境地。

这种年轻人的特点就是自以为是。

有一些年轻人也许在某个地方读了点什么，对之深信不疑，在别人面前，立刻表现出对这件事好像无所不知的样子，即使在内行面前，也无所顾忌、班门弄斧。这样的年轻人自以为无所不知，其实在别人面前，至少在内行人面前是非常无知和浅薄的，当然他们也不会是成大事的人。

这些年轻人对事态自我的理解，虽无法一直愚弄所有的人，使所有的人思想脱离正轨，但是在很多情况下，却可以愚弄部分人，而且有一部分人还会一直受到愚弄，这也是自以为是的人能够继续卖弄的支撑点，因为他们已经成功地得到了一些注意力。

李红是一家基金管理公司老总的女儿。仗着父亲的名义，她在公司中总喜欢自以为是。

迪娜研究生毕业，她对投资的事很在行，而且对于相关的研究也投注了全部的心力。然而，在一次原本应由她主持的会议上，却是李红在支配整个会议。事实上，李红对各种基金表现所持的论调根本就是一派胡言。为赢得听众的注意力，李红说起话来，就没有人能让她停下来。

“李红，”迪娜抗辩着，“这些基金是……嗯，如果你看看它们过去的表现……”她努力想提出反对意见，但是却不知道要怎么做才好。

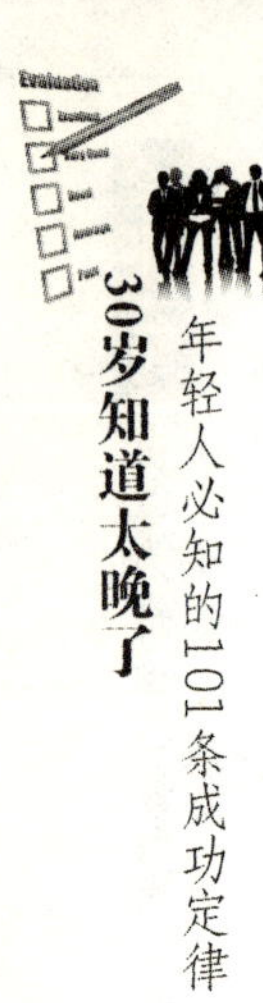

“迪娜，如果你有这类问题，或任何其他问题，请尽管问！”李红一秒也不停地说，然后又对那些着了迷的听众说道，“我完全了解你们的需要。当然，选择正确的投资对我来说是易如反掌的事！是呀，简直不费力气！这些基金我已经注意了好多年了，表现棒极了。相信我，绝没有错！”迪娜从她的话中就可以知道，李红对这些基金懂得并不多。然而每个人都随着李红肯定的说辞而热情起舞。没有人知道连李红自己都根本不知道自己在说些什么。

就像其他的自以为是者一样，李红的行为偏差源于她想获得别人的赞许。要是她觉得遭人轻视，她很可能会增加筹码，比以前更加卖力地表演，吸引别人的注意力。自以为是者的行为也是很坚定的，他们会毫无顾忌地强行打断并插入别人的谈话，这一切对于自以为是者而言，就犹如聚光灯之下的演艺人员。

你一旦在生活中扮演了自以为是的角色，你就很难再接受别人的意见，你或许总以为别人是同意你的说法的，认为你与听者也能很快地建立起共识。其实，这只不过是你一厢情愿的错觉罢了，这种“共识”只存在于你自己的心中。

自以为是的年轻人是不可能成就什么大事的，他们只能失去别人的好感，使自己陷入孤立的境地。

也许在开始的时候，不知详情的人们对他们的口若悬河还很有兴趣，或者坚信不疑地跟着起舞。但一段时间过后，人们就会发现，这个人只不过是个喜欢让人注意的“大嘴巴”，愚蠢而又浅薄。

简而言之，一个自以为是的年轻人最终只会陷入更深的孤立，更大的失败。

一个正深陷于自以为是泥潭的年轻人，若扪心自问，相信他自己也不得不承认，自以为是的日子并不好过。因为他必须一直作秀，时刻隐藏内心不安的感觉，为保住面子，他还要编足理由，随时应对别人的种种疑问，为自己圆谎……弄不好，他就会被自以为是套牢，被自己的醋瓶熏倒。

成大事的年轻人千万不要被自以为是这个小小的敌人打败，要剔除内心的虚荣，承认自己的无知，用“知之为知之，不知为不知”赢得别人的好感，以争取成大事的机会。

定律12：

勤劳才能致富，成功在于勤奋

人的一生是短暂的。一个人在短暂的一生中真正要成就一番事业，就一定要勤奋。古往今来，凡事业有成者，无一不是在事业中勤奋执著的追求者。

勤奋是通往成功的敲门砖。大千世界，五彩缤纷，人们很容易左顾右盼、见异思迁。但天才和灵感的女神，往往钟爱的只是不畏辛劳、甘洒血汗的勤奋者。“勤”和“苦”总是紧密相连、如影随形。一切天才的机遇和灵感，从来都是以勤奋为前提的。勤奋不仅意味着吃苦与实干，而且必须持之以恒、百折不挠，才有可能叩开成功的大门。

勤奋作为中华民族的传统美德，最需要毅力的支撑。而顽强的毅力，来源于远大的目标与强烈的事业心。因此，年轻人只有树立崇高的理想，具备坚强的毅力，勤奋不懈，才能够赢来事业成功的喜悦。

人世沉浮如电光石火，盛衰起伏，变幻莫测。如果你有天分，勤奋则使你如虎添翼；如果你没有天分，勤奋将使你赢得一切。命运掌握在那些勤勤恳恳工作的人手中。推动世界前进的人并不是那些严格意义上的天才，而是那些智力平平但又非常勤奋、埋头苦干的人；不是那些天资卓越、才华横溢的天才，而是那些不论在哪一个行业都勤勤恳恳、劳作不息的人们。

天赋超常而没有毅力和恒心的人只是转瞬即逝的火花，许多意志坚强、持之以恒而智力平平乃至稍稍迟钝的人都会超过那些只有天赋而没有毅力的人。懒惰是一种毒药，它既毒害人们的肉体，也毒害人们的心灵。无论多么美好的东西，人们只有付出相应的劳动和汗水，才能懂得这美好的东西是多么的来之不易。

与懒惰者恰恰相反，勤奋的年轻人以一颗永不知疲倦的心，在生命的舞

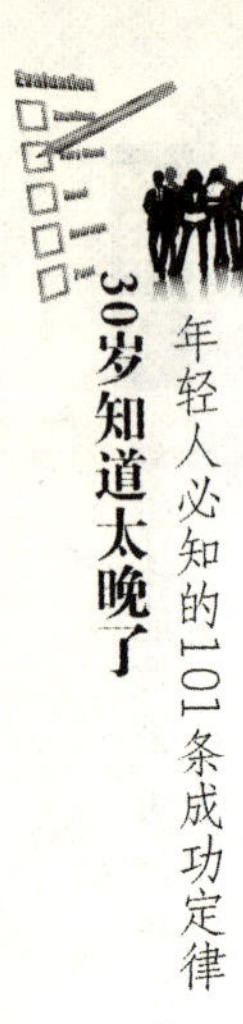

台上展现出最华美的舞姿。

丘吉尔说过:“一个人最大的幸福就是在他最热爱的工作上充分施展自己的才华。”勤奋的年轻人,都会把全部精力用来打理事业。忠实、勤奋,即使只是一份普通的工作,也会用对待事业的热忱去经营。

在适当的位置上勤奋工作,能使你保持一种蓬勃的精神。劳累一天能带来愉快的睡眠,勤劳的生命带来愉快的享受。勤劳的生命是长久的,像一棵富有韧性的常青藤。每天都在为一项有意义的事业而思考、而行动,因而也会获得忙碌的快意和收获的喜悦。点点滴滴的才华都在一天天开花、结果,这种幸福感是绵绵不绝的。

勤奋的年轻人就是这样,有矢志不渝的追求,把工作、事业当作是一种幸福,在辛勤的耕耘中体味无穷的乐趣。没有时间说长道短,没有兴趣感慨人生空虚,只会催促自己不要浪费时间,努力,再努力一些。

天道酬勤,伟大的成功和辛勤的劳动是成正比的,正所谓“有志者,事竟成;有心人,天不负”。只要你付出了努力,命运就会垂青于你,相信功夫不负有心人的真理,不投机取巧,踏踏实实做人做事,你就一定可以成功。

这就是说,30来岁的年轻人,如果一生都勤奋努力,你就会变得富有且成功。勤能补拙,勤奋会让一个平凡的年轻人懂得珍惜时光,懂得努力进取,力求进步,发愤图强,永不停息。经过岁月淘洗,平凡也会变得出色,暗淡也会绽放光华。

定律13：

切忌浮躁，凡事要稳扎稳打

现在很多年轻人之所以不成功，与他们的浮躁有很大关系。这类浮躁的年轻人，他们缺乏内心的宁静，他们做事往往既无准备，又无计划，只凭脑子一热、兴头一来就动手去干，恨不得一锹挖成一眼井，一口吃成胖子。

结果呢？往往都是事与愿违，欲速不达。

生活中有些人，他们看到一部文学作品在社会上引起强烈反响，就想学习文学创作；看到电脑专业在科研中应用广泛，就想学习电脑技术；看到外语在对外交往中能起重要作用，又想学习外语……由于他们对学习的长期性、艰巨性缺乏应有的认识和思想准备，只想“速成”，一旦遇到困难，便失去信心，打退堂鼓，这样下去，最终哪一种技能也没学成。

这种情况，与明代边贡《赠尚子》一诗里的描述非常相似：“少年学书复学剑，老大蹉跎双鬓白。”意思是讲有的年轻人刚要坐下学习书本知识，又要去学习击剑，如此浮躁，时光匆匆溜掉，到头来只落得个白发苍苍。

一个屡屡失意的年轻人，觉得在工作单位很没面子，单位领导并没有给他重要的岗位去锻炼，也没有提拔他的迹象……于是他决定外出寻求发展。他千里迢迢来到普济寺，慕名寻到老僧释圆，沮丧地对他说：“人生总不如意，活着也是苟且，有什么意思呢？”

释圆静静地听着年轻人的叹息和絮叨，末了才吩咐小和尚说：“施主远道而来，烧一壶温水送过来。”

不一会儿，小和尚送来了一壶温水。释圆抓把茶叶放进杯子，然后用温水沏了，放在茶几上，微笑着请年轻人喝茶。杯子冒出微微的水汽，茶叶静静地浮着。年轻人不解地询问：“宝刹怎么用温水沏茶？”

释圆笑而不语。年轻人喝一口细品，不自觉地摇摇头：“一点茶香都没

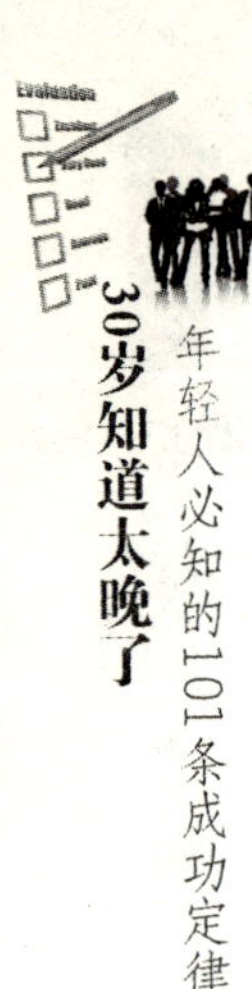

有呢。”

释圆说:“这可是闽地名茶铁观音啊。”

年轻人又端起杯子品尝,然后肯定地说:“真的没有一丝茶香。”

释圆又吩咐小和尚:“再去烧一壶沸水送过来。”

又过了一会儿,小和尚提着一壶冒着浓浓白气的沸水进来。释圆起身,又取过一个杯子,放茶叶,倒沸水,再放在茶几上。年轻人俯首看去,茶叶在杯子里上下沉浮,丝丝清香不绝如缕,望而生津。年轻人欲去端杯,释圆作势挡开,又提起水壶注入一线沸水。茶叶翻腾得更厉害了,一缕更醇厚更醉人的茶香袅袅升腾,在禅房弥漫开来。释圆这样注了五次水,杯子终于满了,那绿绿的一杯茶水,端在手上清香扑鼻,入口沁人心脾。

释圆笑着问:“施主可知道,同是铁观音,为什么茶味迥异吗?”

年轻人思忖着说:“一杯用温水,一杯用沸水,冲沏的水不同。”

释圆点头:“用水不同,则茶叶的沉浮就不一样。温水沏茶,茶叶轻浮水上,怎会散发清香?沸水沏茶,反复几次,茶叶沉沉浮浮,释放出四季的风韵:既有春的幽静、夏的炽热,又有秋的丰盈和冬的清冽。世间芸芸众生,也和沏茶是同一个道理,也就相当于沏茶的水温度不够,想要沏出散发诱人香味的茶水不可能;你自己的能力不足,要想处处得力、事事顺心自然很难。要想摆脱失意,最有效的方法就是苦练内功,提高自己的能力。”

年轻人茅塞顿开,回去后刻苦学习,虚心向人求教,不久就引起了单位领导的重视。

水温够了茶自然香,功夫到了自然成。历史上凡有所建树的人,往往都是很勤奋、很努力的人。任何一项成就的取得,都是与勤奋和努力分不开的,亲爱的年轻人,只要你功夫做到家,自然能获得成功。

定律14:

选择决定一个人的成败

每个人的前途与命运,完全掌握在自己手中,成功也是一种选择。

一个人的成功或失败,并不决定于你懂不懂或知不知道什么方法。虽然方法很重要,但真正决定成败与否的,其实是你的选择,是你的决定。

有一个富翁得了重病,已经无药可救,而唯一的儿子此刻又远在异乡。他知道自己死期将近,但又害怕贪婪的仆人侵占财产,便立下了一份令人不解的遗嘱:“我的儿子仅可从财产中先选择一项,其余的皆送给我的仆人。”富翁死后,仆人便欢欢喜喜地拿着遗嘱去寻找主人的儿子。

富翁的儿子看完了遗嘱,想了一想,就对仆人说:“我决定选择一样,就是你。”这聪明的儿子立刻得到了父亲所有的财产。

因为这个选择,富翁让他的儿子主宰了自己的财富而不至于落入贪婪的仆人之手。

人生中的任何结果都是你自己的选择。什么样的选择决定什么样的生活。今天的生活是由3年前你的选择决定的,而今天你的选择将决定你3年后的生活。一切的改变都源自观念的改变,一切的选择都莫过于积极的选择。

在意大利威尼斯的一个村庄里,住着一位睿智的老人,村里人有什么疑难问题都来向他请教。有一天一个聪明又调皮的孩子,想要故意为难那位老人。他捉了一只小鸟,握在手掌中,跑去问老人:“老爷爷,听说您是最有智慧的人,不过我却不相信。如果您能猜出我手中的鸟是活还是死的,我就相信了。”老人注视着小孩子狡黠的眼睛,心中有数,如果他回答小鸟是活的,小孩会暗中加劲把小鸟掐死;如果他回答是死的,小孩就会张开双手让小鸟飞走。老人拍了拍小孩的肩膀笑着说:“这只小鸟的死活,就全看你

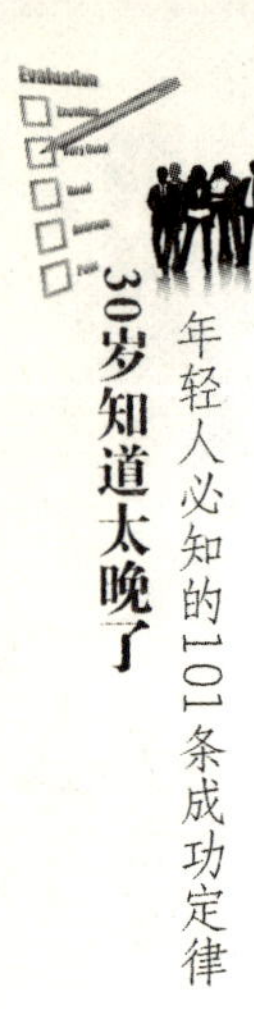

的了!”

是的,一切全看你的。人生就是一连串的选择过程,每个人的前途与命运,就像那手掌中的小鸟,完全掌握在自己手中。

你希望工作更顺利,生活更快乐,但你觉得自己总是在做不喜欢的工作,这是你的选择,因为你完全可以更换工作。

你希望身体更健康、更强壮,但是你总是说没有时间运动,导致身体虚弱,这是你的选择,因为你完全可以抽出时间来运动。

你希望家庭更幸福、小孩更听话,但是你总是跟太太吵架,小孩学业跟不上你就责罚他,这是你的选择,因为你完全可以控制情绪或花时间教育小孩。

你希望拥有更好的人际关系,但你总是说朋友少,这也是你的选择,因为你可以决定让自己多交一些朋友。

你希望拥有更多的财富,但你总是抱怨收入不够多,你完全可以付出更多的努力,这是你的选择。

同一座山上,有两块相同的石头。3 年后发生截然不同的变化,一块石头受到很多人的敬仰和膜拜,而另一块石头却受到别人的唾骂。

这块石头内心极不平衡,一天,它说道:老兄呀,3 年前,我们同为一座山上的石头,今天却产生这么大的差距,我的心里特别痛苦。另一块石头答道:老兄,你还记得吗? 3 年前,来了一个雕刻家,你害怕割在身上一刀刀的痛,你告诉他只要把你简单雕刻一下就可以了;而我那时想象自己未来的模样,不在乎割在身上一刀刀的痛,所以产生了今天的差异。

由此可见,不同的境遇,来源于不同的选择。人生就是由无数选择组成的。你已经选择了平平凡凡的一生。当然,你也可以选择光辉灿烂的一生。当你选择了奋斗,选择了坚持,便选择了成功。而一般人不做这个选择,选择了逃避,选择了平庸,便是选择失败,所以失败也是一种选择。

定律15：

选择你所爱，爱你所选择的

一个人要想取得成功，就要学会选择你所爱的，爱你所选择的，这样才可能激发你的斗志，也可以心安理得。

相反，一个人如果从事的是一份自认为不值得做的事情，往往会保持冷嘲热讽、敷衍了事的态度，不仅成功率低，而且即使成功，也不会觉得有多大的成就感。

因此，年轻人要想取得成功，就要尽量选择自己喜欢的行业。如果一个人做一份与他的个性气质完全背离的工作，他是很难做好的。例如，要一个孤僻的、害羞的、没有激情的人每天和不同的人打交道，他会觉得很难过，很不情愿。同样一份工作，在不同的处境下去做，给你的感受也是不同的。独上高楼，登高远望，你要确立远大的人生目标，在千万条天涯路中，找到一条适合自己发展的人生道路，并制订详细的计划，然后付诸行动。

孟子曾经说过：天将降大任于斯人也，必先苦其心志，劳其筋骨，饿其体肤，空乏其身，行拂乱其所为，所以动心忍性，增益其所不能。一切成就大事业的人，都免不了经历这样的磨炼。

美国史学家卡维特·罗伯特认为，没有人因倒下或沮丧而失败，只有他们意志丧失或消极才会失败。

在决定是否将一个构思发展为剧本前，著名编剧尼多尔·雪西蒙都会问自己：假如我要写这个剧本，在每一页我都尽量保持故事性，而且要将角色发挥得淋漓尽致，那么，这个剧本会有多好呢？答案是：可能还不错，会是一个好剧本，但不值得为此花费一两年的生命。如果是这样，雪西蒙会果断决定不去写它。

在朗讯科技公司工作时，卡莉·费奥瑞纳就被《财富》杂志评为年度美

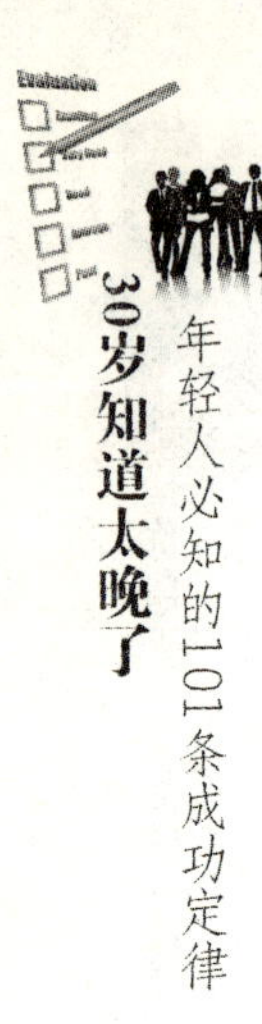

国商业界最有影响力的女性，并成了那期《财富》的封面人物。于是，众多猎头公司盯上了她，纷纷以种种诱人的条件，拉她去别的公司发展。她被这些诱惑搅得心烦意乱。她的人生导师朗讯科技公司的董事长却告诫她说：你必须自己拿主意，要想清楚哪些职务邀请是你愿意考虑的。无论你的目标是什么，都不要浪费时间在不符合你目标的事情之上。费奥瑞纳认清了自己的人生目标，没有为那些诱惑所动，最后终于成为世界最著名公司之一惠普的第一位女总裁。

不值得做的事情会消耗一个人的时间和精力。遗憾的是，大多数人一直要到他们的职业生涯走了一大半以后，才开始问自己这样的问题。

老子说过一句话："重为轻根，静为躁君。轻则失根，躁则失君。"一个人如果没有人生的担负和追求，就不会懂得"重"与"静"为何，就会成为生活中一个无根的浮萍。

对年轻人来说，应在多种可供选择的奋斗目标及价值观中挑选一种，然后为之奋斗，才可以激发自己的斗志，在成功的路上走得更为踏实和稳健，在成功之后更加心安理得。

清代中兴名臣曾国藩曾经说：坚其志，苦其心，勤其力，事无大小，必有所成。这是封建时代对一个士大夫的要求，对现在的年轻人仍然有借鉴意义。

然而今天是一个实用主义盛行的时代，不可避免地会让每个人陷入工具理性中，将"工具——目的"的循环作为自己的生活模式。努力读书以便进入北大，努力读书是出人头地的工具；朋友同事则是从中获利的工具。

这种视万物为工具的生活模式，让你已经自觉或不自觉地习以为常。与此同时，得名得利得志得意的故事见多了，有人开始与世同醉，不择手段，放弃一切理想去争，出卖灵魂，出卖思想。

证严法师说："人活在什么都可以自由自在的时代，却被这种随心所欲的自由蒙蔽，虚掷时光而毫无知觉。"

然而，工具理性的生活模式，如果不加上一个远大追求，人生便永不能获得最后的成功；就像一条船上只有划船的水手，而没有瞭望哨一样，总有一天会搁浅或者触礁。

如果没有目标，没有方向，整个人生就会变成"不值得"付出的旅程，就会像无舵之舟，脱缰之马，到处飘荡奔逸，最后不知所终地消失在轮回中。

在每天的生活中就可能成为不晓大义，只讲小义，不明大势，只晓小势的井底之蛙，看上去八面玲珑，实际上缺乏更高的追求和更广阔的视野，即使小有所成，也只能是杯水尺波。人生如果没有目标，一旦小有所成，马上会沾沾自喜，迷失在已经走过的路上，而失去前进的方向。

每个人都只有几十年的生命，但真正用来做事的时间实际上却是少之又少：即使勤奋如爱迪生，恐怕也只是利用了三分之二的人生而已。从这个意义上来说，你做任何一件事情的机会成本是很高的。因此，你要谨慎选择自己的工作或行业，选择了就要努力对待，选择所爱的，爱自己选择的。

渴望成功的年轻人要记得：凡是一个人在自己内心感到紧紧握住了自己的东西，凡是一个人情愿为之受苦甚至牺牲生命的东西，就是一个人的人生目标。它也许不值得，但没有它，别的就更不值得。

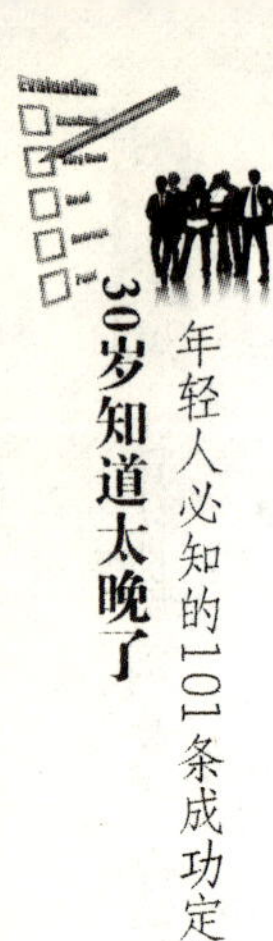

定律16：

选择正确的道路，比跑得快更重要

有一个非常勤奋的青年，很想在各个方面都比身边的人强，但经过多年努力，仍然没有长进，他很苦恼，就向智者请教。

智者叫来正在砍柴的三个弟子，嘱咐说："你们带这个施主到五里山，打一担自己认为最满意的柴火。"年轻人和三个弟子沿着门前湍急的江水，直奔五里山。

等到他们返回时，智者站在原地迎接他们。年轻人满头大汗、气喘吁吁地扛着两捆柴，蹒跚而来；两个弟子一前一后，前面的弟子用扁担左右各担4捆柴，后面的弟子轻松地跟着。正在这时，从江面驶来一个木筏，载着小弟子和8捆柴火，停在智者的面前。

年轻人和两个先到的弟子，你看看我，我看看你，沉默不语；唯独划木筏的小弟子，与智者坦然相对。智者见状，问："怎么啦，你们对自己的表现不满意？""大师，让我们再砍一砍吧！"那个年轻人请示说，"我一开始就砍了6捆，扛到半路，就扛不动了，扔了两捆；又走了一会儿，还是压得喘不过气，又扔掉两捆；最后我只把这两捆扛回来了。可是，大师我已经很努力了。"

"我和他恰恰相反，"那个大弟子说，"刚开始，我各砍两捆，将4捆柴一前一后挂在扁担上，跟着他走。我和师弟轮换担柴，并不觉得累，反而觉得很轻松。最后又把他丢弃的柴挑了回来。"

划木筏的小弟子接过话，说："我个子矮，力气小，别说两捆，就是一捆这么远的路也挑不回来，所以我选择走水路……"

智者用赞赏的目光看着弟子们，微微颔首，然后走到年轻人面前，拍着他的肩膀，语重心长地说："一个人要走自己的路，本身没有错，关键是怎样走；走自己的路，让别人说，也没有错，关键是走的路是否正确。年轻人，你要永远记住:选择比努力更重要。”

生活中有很多人都在从事着自己并不喜欢的职业,于是总会发出“我也很努力,但就是做不到最好”的感慨。有的人会指责说这话的人还是工作态度有问题,不然真努力工作了,岂有做不好之理？其实归根结底并不是这人不够爱岗敬业,而是职业本身并不是他们最适合的。换言之,要想真正把一项工作做得得心应手,就要选择正确的人生目标。那么,原来选错了怎么办？不要犹豫,放弃它,去把握属于你的正确方向。

人生的悲剧不是无法实现自己的目标,而是不知道自己的目标是什么。成功不在于你身在何处,而在于你朝着哪个方向走,能否坚持下去,没有正确的目标,就永远无法到达成功的彼岸。

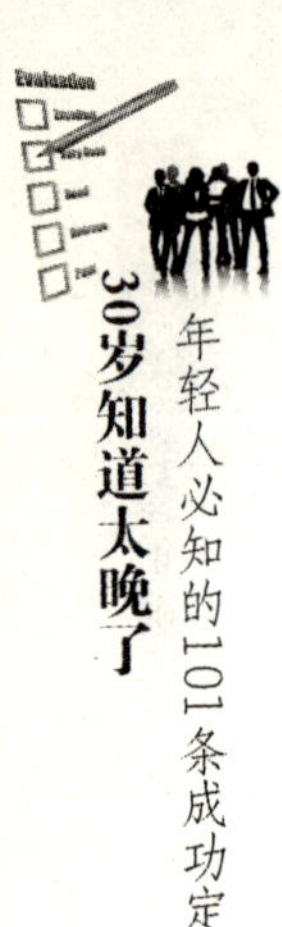

定律17:

人怕入错行:人生定位很重要

人生定位准确、职业选择恰当是取得成功的重要基础。

人生定位说简单一点,就是给自己的人生一个说法:自己到底想要做一个什么样的人。这包括两个方面,一个是做人方面的,就是自己要做一个什么样的人;另一个是做事方面的,就是自己的一生要以什么为业,简单一点说就是职业定位。

选择的浪费是人生最大的浪费,人在制定了自己奋斗的目标后,下一步就是要具体地给自己定位。最主要的就是要知己,进行自我分析。自己想做什么(兴趣),自己能做什么(能力),自己适合做什么(人格)。

这是一个说起来简单,但做起来困难的问题。

在管理界中有一句名言:没有最好的,只有最切合实际的。你选择职业也是一样,没有对与不对,只有适合与不适合。每个人的个性、天赋、才能、所处的环境等都是不一样的,而你所要做的,不应是抱怨自己不如别人的地方,而应该认真分析自己的特点,找出适合自己做的事情。"世上本没有垃圾,只有放错位置的财富。"

要想找准你的定位,一定要明白自己的特长,深刻了解自己个人的核心竞争力。只有这样,无论你是想成为商人,还是想从政、从军或是搞研究,在开创事业的时候,胜算才能更大。

没有最好的,只有最适合你的。1993年,刘永森离开黑龙江,像很多人一样漫无目的地来北京寻找挣钱的机会,在北京一家公司打工。因为喜好速记,所以他经常练练手,于是就有一些人知道他有速记这个"绝活"。一次偶然的机会,他被中央党校的一位老先生邀去做速记,由老先生口述,他做记录。由于多年的练习,他对此轻车熟路,出错率很低。经整理,这本书很快出版了。

核心竞争力是以别人不具备的那种能力为契机，刘永森以10万元注册了北京文山会海速记公司，在北京这个速记覆盖率不足10%的市场中全力地发展速记业。口口相传，他开始陆续地为个人做速记。这时候，他才重新审视自己所掌握的速记技能，才开始观察北京市场对速记的需求。结果他发现，自己身处的这个地方是速记发展最理想的市场，于是，他花2000元买了一台旧笔记本电脑，从此乐此不疲地为他人做速记。这时候，他已不仅为个人做速记，而是开始承揽各种会议。

在北京市场，速记成为一种商业行为也只是“小荷才露尖尖角”，但毕竟有了一个开始，而且还显现强大的潜力。成功地分享“速记之餐”的刘永森说：“这是个不成熟的领域，我碰巧有这个不成熟领域里成熟的技术，把握住了这一点我就成功了一半；还有，不管面对什么压力，我都会坚持已经认定的目标，这样我就得到了成功的另一半。”

你从中可以看出刘永森充分发挥了自己的核心竞争力，使自己的事业取得成功。

你的核心竞争力是别人不具备的那种能力。每个人都该关心未来，因为每个人都有未来。预测未来原本就是相当困难的问题，预测行业未来的走向亦然。然而，“人怕入错行”。成功的企业家大多出自于成长快速的行业，少有人能在衰退的行业中出人头地的。行业未来的走向发展如何，不但攸关每个人未来的前途，也是决定投资报酬的关键因素。因此，我们不能因为困难而放弃，相反的，更要加强对未来行业走向的预测。

每个人都有各自不同的竞争力，不同类的人适合不同的行业；成功也不能按财富的多少一概而论。有的人适合于商海的拼搏，有的人喜欢官场的气氛，有的人精于传道授业解惑，有的人听到军营的号角就激动……所以，年轻人最重要的是要明白自己适合做什么，只有这样，才能最大限度地发挥自己的聪明才智，才能在自己的行业中取得成功。

有一则哲学家与船夫之间的对话，很能说明这个道理。

哲学家问船夫：“你懂哲学吗？”

“不懂。”船夫回答。

“那你至少失去了一半的生命。”哲学家说。

“你懂数学吗？”哲学家又问。

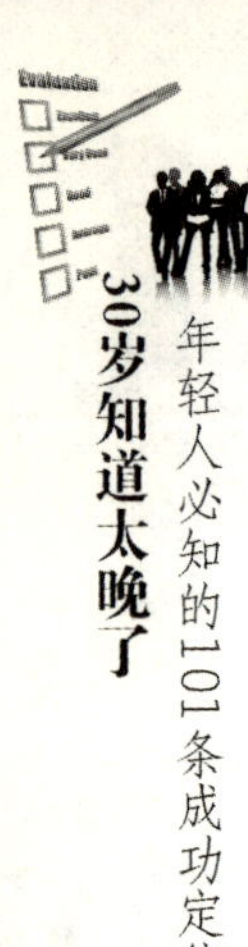

"不懂。"船夫回答。

"那你失去了百分之八十的生命。"

突然,一个巨浪把船打翻了,哲学家和船夫都掉到了水里。看着哲学家在水中胡乱挣扎,船夫问哲学家:"你会游泳吗?"

"不会。"哲学家回答。

"那你将失去整个生命。"船夫说。

哲学家和船夫都有其各自的核心竞争力,只是场合不同、表现方式不同而已。

当你步入社会、当你开始创业的时候,怎样设计自己的人生,你应该注意两个方面。

(1)职业的选择。职业选择正确与否,直接关系到人生事业的成功与失败。据统计,80%的人在事业上是失败者。如何才能选择正确的职业呢?至少应考虑以下几点:

"性格与职业的匹配;"

"兴趣与职业的匹配;"

"特长与职业的匹配;"

"内外环境与职业相适应。"

(2)职业生涯路线的选择。在职业确定后,向哪一路线发展,此时要做出选择。通常职业生涯路线的选择需考虑以下三个问题.

"我想往哪一路线发展?"

"我能往哪一路线发展?"

"我可以往哪一路线发展?"

定律18:

20 几岁早定位,30 几岁早成功

如果你想在 30 岁前成功,你一定要在 20 几岁确立好你的人生目标。

目标既是一个人成功的起点,也是衡量是否成功的尺度。那么,怎样来设立目标呢?

人生应当有目标,否则,你的努力将属徒然。许多管理书籍中,相信很多年轻人都会看到关于确定有效目标的"SMART"原则,即目标的有效性与否,必须符合以下五个条件:

(1)Specific——具体的。

(2)Measureable——可以量化的。

(3)Achievable——能够实现的。

(4)Result - oriented——注重结果的。

(5)Time - limited——有时间期限的。

如果再简化一点,可以将有效目标的核心条件概括为两个:一个是量化,另一个是时间限制。

量化一是指数字具体化,即如果某一个目标能用数字来描述,则一定要写出精确的数字。比如,你在三年内要实现的收入状况,就可以量化为 150 万元、100 万元、50 万元等具体的数字。二是指形态指标化,即如果所确定的目标不能直接用某一个数字来描述,则必须进一步分解,将其表现形态全部用数字化指标来补充描述。如想买一套房子的目标,应该具体说明:多大面积、几室几厅、价格多少、具体位置、房屋朝向、周边环境要求等。

时间限制是指你所确定的目标,必须有一个明确的期限,可以具体到某年某月。没有时限的目标,不是一个有效的目标。你可能轻而易举地为自己找到拖延的借口,使目标实现之日变得遥遥无期。

以下这些数字是作家谢冰心80岁生日那天算的：

80×365=29000；

29000×24=700800；

700800×60=42048000；

42048000×60=2522880000。

谢冰心说，人的一生如活80岁，就由这十位数的秒组成。而现在你已经提取了许多时日，在你生命库存中也许只剩下九位数、八位数，甚至更少。我们很多人在买菜的时候，在消费的时候，在经营店铺的时候，把账算得很细，几元几角几分，可人生也是经营，为什么我们不认真地算一算人生这笔账呢？

如果你想要在30岁前成功，如果你20岁选定目标，那么你只有10×365=3650天；因此，你一定要在自己创造力最强的这几年，抓紧每一天，尽早成功。

一个有决心的人，将会找到自己的道路。25岁之前是求学探索阶段；25～30岁要了解你想做什么，切入相关行业开始创业；在30～35岁之间，是创业的关键时期。

要使目标能够实现，就必须将目标分解量化为具体的行动计划，使自己知道现在应该为目标做什么，使目标有了现实的行动基础。

把目标量化分解为具体的行动计划，一向采用"逆推法"，即确定大目标的条件，将大目标分解成为一个个小目标，由高级到低级层层分解，再根据时限，由将来逆推至现在，明确自己现在应该做什么：即时行动←更小的目标←小目标←大目标。

用"逆推法"分解量化目标为具体行动计划的过程，与实现目标的过程正好相反。分解量化大目标的过程是逆时针，由将来倒推至现在。实现目标的过程是顺时推进，由现在到将来。

这个过程可以这样进行。

先根据总目标实现的条件，将人生总目标分解为几个5～10年的长期目标，再根据长期目标的实现条件，将其分解为若干个2～3年的中期目标，再继续将其分解为若干6个月至1年的短期目标，进而将每一个短期目标分解成月目标，月目标量化分解为若干个周目标，周目标变成若干个日目标，最后，依次具体化为现在应该去干什么。

亲爱的年轻人，不管你现在是20岁，还是30岁，不管什么目标，也不管目标有多大，每一个目标都要分解到你现在应该做什么，使你现在的行动与你未来的愿望、梦想联系起来，使目标有了现实的行动基础。否则，现在就可以断定你的愿望不太可能实现。

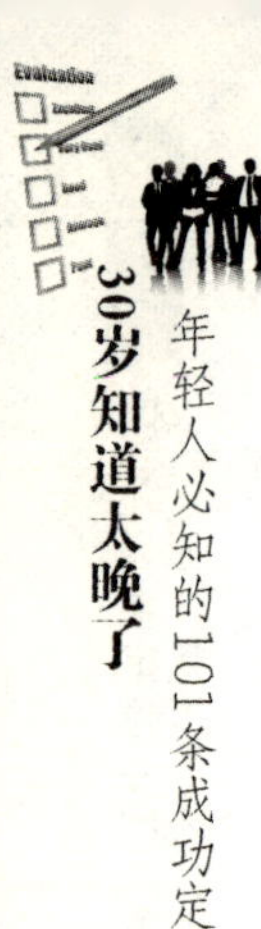

定律 19：

成功的人生是策划出来的

一个人的人生是需要策划的，同样，一个人的成功也需要策划。

30 岁之前，你有权利更有义务为自己的人生做一个整体的策划方案。比如，你要找到一个自己喜欢的职业，这个职业最好是你一辈子都不后悔的职业。

也许，你现在离自己的梦想很远，但是你可以制定前进的具体方法和步骤，你准备花几年的时间来实现它。比如，你在 25 岁的时候，走到哪一步；到 30 岁的时候，你又要发展到什么程度。

按照自己的策划一步一步走下去，也许在奋斗的过程中，你会经历很多的坎坷，但是只要你学会坚持，你就会一步步靠近自己的梦想。

你在策划自己的人生目标时，一定要把人生的最终目标分解成可以实现的阶段性目标，这是促进你前进的最大动力。有一个著名的马拉松运动员在谈到自己的成功秘诀时就说："我有意识地将自己长跑的整个路程分解成几段，并在心中用路边特殊的建筑或者其他的东西做好标记，每跑完一个里程时，我就会心里想着下一个里程的名字，这样，一段很长的路就被我分割成好几个小的目标来完成，我每完成一个小的目标，就会在内心为自己加油，当我完成最后的那段路程时，我也就真的跑完了整个的里程。"

我们每一个人都应该为自己的人生设计一个大的目标，比如五年的目标，然后每天让自己进步一点点，当你按着自己的人生策划一步步行走，并不断前进的时候，你会发现，原来成功并不难，成功并不是惊天动地的事情，只要你坚持每天让自己进步一点点，不久你也就真的水到渠成了。

年轻人一定要做人生策划，要建立短期目标、中期目标和长期目标。在工作的不同阶段，要对形势发展进行分析，确定下一步方案。将计划进程的详细步骤列出来,可帮助年轻人有效地对付工作或环境等条件变化可能带来的不利影响。

制订人生规划,要衡量自己的能力,稍微高于自己能力可及的程度,那才是好目标。年轻人在规划未来时必须注意考虑以下几个问题:

(1)我的目标是什么?

(2)对于我自己以及影响达成目标的一切事物,我有何了解?

(3)我拥有什么样的物质条件来配合我达成目标?

(4)我怎样计划运用这些资源来实现我的目标?

(5)怎样将计划付诸行动?

每一个年轻人都要懂得策划自己的人生,因为每个人内心成功的概念都不相同,你只有经过策划才知道自己的人生方向,才知道自己想过什么样的生活。一个人只有对自己的人生作出全盘的规划,才能更好地把握和驾驭自己的人生,才能取得成功。

在做好自己的人生策划之后,需要你开始实际的行动。你要用每一个实际的行动去证明自己,而不是像一只无头的苍蝇,到处乱撞。人不能心存侥幸,小概率事件不要痴心妄想了,还是踏踏实实地为自己做一份整体的规划吧,只有这规划清晰的人生才能为你提供明确的前进方向。

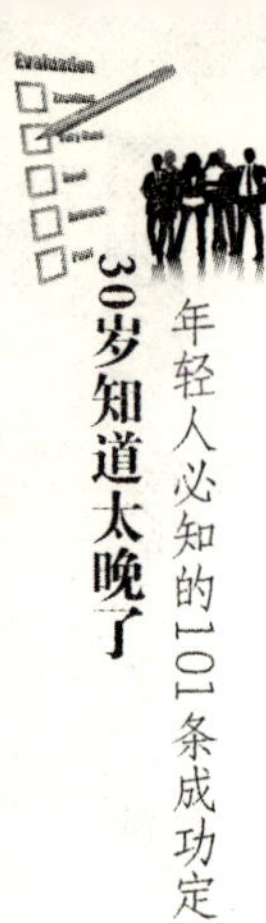

定律20：

目光宜放长远，目标宜放大

如果你做过徒步旅行，如果你走过远路，如果你参加过长跑比赛，你就一定有过这样的体会：当你决定只走五千米或跑五千米的时候，那么，在你走到三千米处或四千米处的时候，你可能会因感到疲劳而松懈自己，心里一定会想，快到目标了，还是缓一口气吧！但是，如果你的目标是五十千米，那么又将怎样呢？可以肯定地说，你绝对不会产生要在三千米或者四千米处歇一歇的想法。

这是因为，你的目标如果太小、离你太近的话，你就不会在精神和身体方面去积极准备，这种心理就使得你身上的潜能不会释放出来。因此，走不了多远你就会松懈。但如果你的目标很大，离现在的你很远，那么你在制订目标之后就会积极地进行心理等方面的准备。这样一来，你的心态就变得异常活跃、积极。你的潜能就会大量地释放出来，从而使你有足够的精力向更远的目的地进发。由此可见，只有确立了远大的目标的人，才有可能走得更远一些。

这个道理同样适用于制订一切目标。比如说一个学生，如果他只是以拿到毕业证为自己的学习目标，那么，他的学习就会得过且过，不求甚解，他的学习成绩一般也不会比60分高出许多。对于一个员工来说，如果他只以赚钱养活自己的妻子儿女为自己的人生目标，他一辈子都可能在一种疲于奔命的状态中工作，而他赚的钱也许就刚刚能够养活自己的妻子儿女。即便有可能多赚一些，也多不到哪里去。对于一个运动员来说，如果他的人生目标只是能在地方队混碗饭吃，就永远进不了国家队，更谈不上打破世界纪录了。

这么说可能会有些绝对，但在一般情况下奇迹是不会发生的。因为一个人的人生目标其实就是人生前进的方向，同时也是人生前进的动力。如果目标过小，方向固然容易把握，却会导致人生前进的动力不足。只有树立了远大的目标，人生前进的动力才能非常充足。因此，一个人的人生目标的大小在很大程度上决定其一生成就的大小。也正因如此，我们在教育青少年时，要求他们从小就要树立远大的理想和抱负，要有远大的人生目标，要志存高远。

什么样的目标才能称得上是远大的目标呢？比如说，你想成为一个社会活动家或政治家，那么你的志向和目标就要定位为国家的利益和人类的发展，为全人类的和平事业而奋斗，你就一定要使自己成为一个能够产生世界影响的社会活动家及政治家，你就要向安南这样世界著名的政治家看齐。如果你想从事音乐事业，那么你的目标就应是成为一个世界一流的音乐大师，要为人类的音乐事业而献身。

如果你想成为一名军人，那么你的人生目标就不能仅仅停留在成为一个普通士兵上，你一定要把自己打造成一名将军。如果你是一位商人，你不能仅仅满足于只赚够生存的钱财，你也应把你的人生目标尽量地做大，你要把你的生意做遍全世界。只有这样的目标，才能称得上是真正远大的目标。说到底，所谓远大的目标，就是无论在做什么事的时候，你都得有梦想，甚至要有“野心”。

你一定要把自己的目光看得远一点，一定不能仅仅只看到眼前的一点点。只有具有远大的目标，你才会一切从大处着想，想方设法地调动和挖掘你身上的潜能去解决大问题。只有具有远大的目标，你才会不遗余力地去增强你的本领，才会如饥似渴地去吸收和学习更多的知识和技能。只有具有远大的目标，你才能有过人的胸怀，你才不会斤斤计较，你才能够在必要的时候超越个人的荣辱得失，做出某些重大的牺牲。

只有具有远大的目标，你才能为更多的人服务，从而也使你的人生价值得以充分地体现。伟人之所以伟大，首先是因为他志向远大，他从自己步入社会的那一刻起，就为自己设定了远大的人生目标。其次，在追求自己远大的人生目标的过程中，他会不断地丰富自己的知识与技能，不断地完善自己的意志与品格，一步一步地把自己的梦想变为现实。

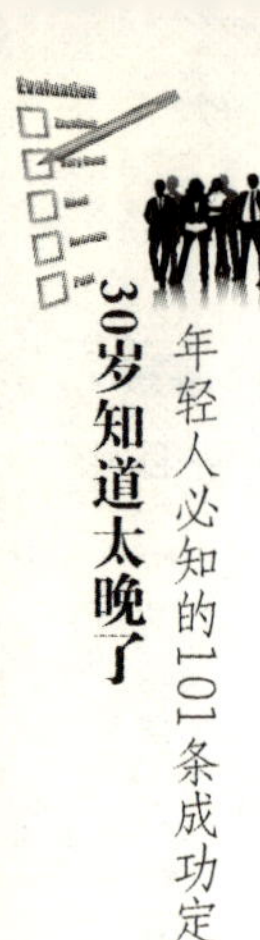

定律21：

只要坚持，目标终将实现

当我们持续寻找、追问答案的时候，它们最终都必将显现。目标一经确定，你所需要的便是“贵在坚持”！年轻人请切记：你是你目标的主人，只有你有权选择它。

一只老骆驼连续两次穿越了号称“死亡之海”的千里沙漠，凯旋归来，被称为英雄。

马和驴找到这位英雄学习经验。“其实没什么好说的”，老骆驼说，“认准目标，耐住性子，一步一步往前走，就到达了目的地。”

“就这些？没有了？”马和驴问。

“没有了，就这些。”

“唉！”马说，“我以为他能说出些惊人的话来，谁知简简单单三言两语就完了。”

“一点儿也不精彩，令人失望！”驴也深有同感。

其实，真理都是很简单的，就看你是否坚持去寻找。

一位20多岁的年轻推销员，跳槽来到办公机械设备销售公司。这位小伙子为了在激烈竞争的商战中取胜，将自己的月销售额定为500万日元。如果仅仅是订出目标，这是任何人都可以做到的。这里要说的是，他为实现目标采取了与常人不同的做法，从而获得了成功。

他将自己的目标写在纸上，贴到房间的墙壁上。规定自己每天早晨外出前必须大声朗诵目标内容。他还将自己的定额数值写进效率手册中。无论是在上班的路上还是在营销的途中，不断地确认自己当天指标、本周指标、本月指标的完成情况。积极思考为完成这些目标，应当去哪里拜访哪些客户，优先安排拜访哪几家商机大一些的客户。

在公司，他将自己的目标贴在办公桌上，一有空就用眼睛去确认自己的目标和完成的情况。回家后也要先大声朗诵一遍自己的目标，晚上睡觉前还要再朗诵一遍。然后，结束一天的工作进入梦乡。

他已将完成销售定额作为生活的主要内容。他想通过这种方法使自己的大脑经常保持清醒，明确自己如何才能完成定额。他不停地思索对什么样的客户推销什么样的商品和服务、在什么时机去推销等营销的战略战术。

跳槽到新公司后三个月，他出色地完成了当初制订的目标。他说："并不是因为将目标写在纸上就变得可以轻而易举地达到目标。其实，每一次推销都伴随着失败。"每次遇到失败，他总是积极找人求教，寻找克服心理压力和渡过难关的办法。

由此可见，非凡的志向可以生发出非凡的勇气以及惊人的霸气。这样，一个人才能知难而进，勇往直前，不为挫折吓倒，创造出不朽的丰功伟业。

成功在很大程度上取决于想法和观念。有什么样的想法和观念，就可能拥有什么样的人生。如果一个人从来没有想过要成为科学家，那么他就不会按照成为科学家应必备的素质去严格要求自己，训练自己。因此，即使他付出了很多努力，但他的作为与这一目标并不契合，所以最终无法成为一名科学家。如果一个人从小就树立了远大理想——要成为一名科学家，并且坚定信念，拿出"不达目的不罢休"的精神，时刻为自己的理想勤勤恳恳地奋斗与付出，那么总有一天他将实现心中的宏愿。

诸葛亮说："志当存高远。"胡林翼说："人活一世，不该随俗浮沉。生无益于当时，死无闻于后世，哀莫大焉！"诗仙李太白曾有句豪言壮语："天生我材必有用，千金散尽还复来。"伟大领袖毛主席曾写下慷慨激昂的文字："自信人生二百年，会当水击三千里。"这是名人们的人生信条，我们从中也能受到深刻的启示：人生应有明确的目标，做人应有自信。

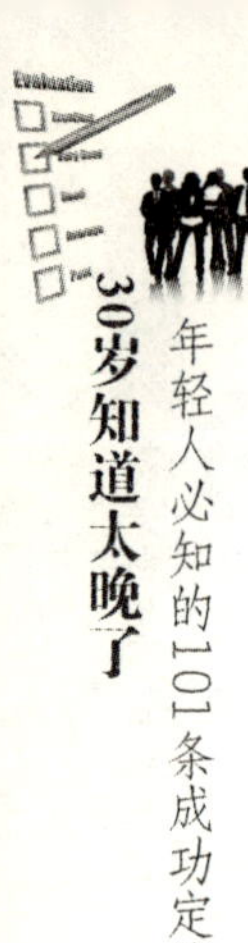

定律22:

将目标进行到底,成功贵在坚持

任何有目标的计划都必须全力以赴、坚持到底,否则你永远无法得到你想要的一切。这就是说,定目标,做计划容易,但是实施和坚持就比较困难。

世间最容易的事是坚持,最难的事也是坚持。说它容易,因为只要愿意做,人人都能做到;说它难,因为真正能够做到的,终究只是少数人。成功在于坚持,坚持到底就是胜利。任何成绩的取得、事业的成功,都源于人们不懈的努力和执著的探索追求;浅尝辄止,一暴十寒,朝三暮四,心猿意马,只能望着成功的彼岸慨叹,只能收获两手空空。

胜者的生存方式就在于,能够坚持把一件事做下去,积跬步以成千里,汇细流以成江海。

在奔向成功的路上,我们会遇到许多挫折,会面临着许多意想不到的挑战。这时我们应该怎么办呢?成功学家们考察了那些具有杰出的个人品质并取得巨大成功的人,得出了下面的结论:能够把一件事坚持做下去,是所有成功者共同拥有的积极心态。

24岁的约翰逊是一位平凡的美国人,他以母亲的家俱作抵押,得到了500美元贷款,开办了一家小小的出版公司。他创办的第一本杂志是《黑人文摘》。为了扩大发行量,他有了一个非常大胆的想法:组织一系列以"假如我是黑人"为题的文章,请白人在写文章的时候把自己摆放在黑人的地位上,严肃地来看待这个问题。他想,如果请罗斯福总统的夫人埃莉诺来写一篇这样的文章是最好不过了。于是,约翰逊便给罗斯福夫人写了一封请求信。

罗斯福夫人给约翰逊回了信,说她太忙,没有时间写。约翰逊见罗斯福夫人没有说自己不愿意写，就决定坚持下去，一定要请罗斯福夫人写一篇文章。

一个月后，约翰逊又给罗斯福夫人发了一封信。夫人回信仍说太忙。此后，每过一个月，约翰逊就给罗斯福夫人写一封信。夫人也总是回信说连一分钟的空闲也没有。约翰逊依然坚持发信，他相信，只要他坚持下去，总有一天夫人是会有时间的。

一天，他在报上看到了罗斯福夫人在芝加哥发表谈话的消息。他决定再试一次。他打了一份电报给罗斯福夫人，问她是否愿意趁在芝加哥的时候为《黑人文摘》写那样一篇文章。罗斯福夫人终于被约翰逊的耐性感动了，寄来了文章。

结果，《黑人文摘》的发行量在一个月之内由5万份增加到15万份。这件事成为约翰逊事业的重要转折点。后来，约翰逊的出版公司成为美国第二大黑人企业。1973年，约翰逊又买下了芝加哥市的广播电台，还经营起了新潮妇女化妆品。

约翰逊认为他的成功得益于母亲的教诲："取得成功总得去努力。有时候要经过许多失败。你应该像长跑运动员那样，不断向前，坚持下去，也许你会勤奋地工作一生而一事无成，但是，如果不去勤奋地工作，你就肯定不会有成就。"

人的一生不可能一帆风顺，多多少少总会有一些坎坷和波折。世界上之所以有强弱之分，究其原因是前者在接受命运挑战的时候说："我会坚持下去。"后者说："算了，我承受不住。"

波斯作家萨迪在《蔷薇园》中写道："事业常成于坚持，毁于急躁。我在沙漠中曾亲眼看见，匆忙的旅人落在从容者的后面；疾驰的骏马落后，缓步的骆驼却不断前进。"可见，坚持对于一个人成就事业是相当重要的。

亲爱的年轻人，只要你眼光盯准一个目标，将计划进行到底，相信不久的将来你一定会成功的。

定律23：

有希望一切就皆有可能

有人说，一个人最大的破产是绝望，最大的资产是希望。我们老祖先的古训里有这样一句话：哀莫大于心死。

以上这两者的共同点，就是告诫年轻人：一个人最大的破产就是他的生命中充满绝望，而人生最大的资产就是他的生命中充满阳光和希望！

任何事物都具有两面性，生活当然也不例外，它有灰暗的一面，也有阳光的一面。我们生活在大千世界里，每一天都在奔波忙碌着，短短的一生会经历许多快乐和不快乐。然而无论如何，在我们心中一定要充满希望。用平常心看待我们所遇到的困难，用阳光般灿烂的微笑面对。

美国著名管理学家W·古特雷提出，每一处出口，都是另一处的入口。人生如此，事业生活无不如此。上一个目标是下一个目标的基础，下一个目标是上一个目标的延续。但是，一个人一生不应该只满足有“一个顶点”，而是应该适时地把握住契机，重新蓄积元气，再进行攀登。如果说，攀登顶点的勇气，表现着生存智慧的高超；那么，再造新高的勇气，则表现出创新智慧的卓越。

人生，就是不断制定目标、达成目标的过程。一个人实现了所期望的目标后，应再制定出一个足以让他动心的目标，继续维持先前的热情和动力。对自己设定的目标越来越高，则能力会随之成长，职位也才有可能越来越靠上。

伯特自认为是当音乐家的料。上初中时他演奏手鼓，却并不怎么高明，唱歌五音不全，实在让人不敢恭维。

为实现当歌唱家兼作曲家的理想，伯特去了“乡村音乐之都”维尔纳什。到那儿后，伯特拿出有限的积蓄买了一辆旧汽车，既做交通工具又用来睡觉。他特意找到一份上夜班的工作，以便白天有时间跑唱片公司。在这期间，他学会了弹吉他。10 多年的时间里，他一直在坚持写歌练唱，不停地叩击成功之门。

13 年之后，伯特的歌唱才华得到了托尔卡皮公司音乐总监的赏识，并为伯特出了专题唱片。

凭借这张唱片，伯特一举成名，在全国每周流行的唱片选目中名列前茅。

常人难以想象的事，伯特确确实实做到了。不仅如此，在第二年畅销的乡村音乐唱片集中，主题歌《赌徒》也是伯特的杰作！

从那时起，伯特创作演唱了 23 首优秀歌曲。由于他专心致志，全力以赴，这个青少年时的梦想终于得以实现。

因此，年轻人无论任何时候都要充满希望，如果遇到挫折或是困难，就当是上天为了让我们承担更伟大的成就而故意给你设置障碍，这些障碍都是让你起跳的动力。每当我们克服了一个障碍，就提高了自己的一点能力。如果我们能将人生所遭遇的所有障碍都粉碎，那么我们就能成为一个伟大的人。

那个时候，你或许会惊叹：原来成为一个伟大的人是这样简单！是的，的确如此简单，没有别的技巧。只要你能在绝望中崛起，在绝望中前行，让自己充满强劲有力的激情，你就能让自己在废墟中崛起，就可以让自己变成这个世界上最有前途的人。

一位作家曾经说过："生命中的失败、内疚和悲哀有时会把我们引向人生的绝望，但你永远都不必退缩，因为我们可以爬起来，重新选择生活。"事实正是如此，一次失败并不能给自己判死刑，否定自身存在的价值。你必须有爬起来的勇气！在逆境中，给自己希望，撑着坚持下去；在绝境中，发挥一切求生的本能，不坐以待毙，从而在绝境中找到希望！

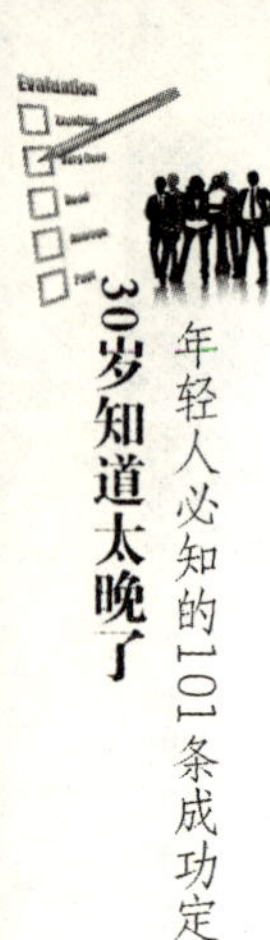

定律24：

学会积极心理暗示：说你行，你就行

美国著名心理学家罗森塔尔和雅格布森提出了"罗森塔尔效应"，也称"期待效应"。它的主要内容是：你期望什么，你就会得到什么；你得到的不是你想要的，而是你期待的。

因此，我们在做任何事情之前，只要充满自信的期待，只要真的相信事情会顺利进行，事情一定会顺利进行；相反，如果你相信事情会不断地受到阻力，这些阻力就会产生。

的确，很多时候，如果你在生活中期盼厄运，你就会常常和它们邂逅。因为，一颗消极的心好比透过一面扭曲肮脏的透视镜看世界，你的眼睛是灰暗的，那么你的世界就是灰暗的。

美国有一部电影，情节大致是这样的：一个男人到地狱中寻找他的妻子，在他的想象中，地狱是灰暗和恐怖的，那么地狱就果真变成狂风暴雨、恶魔成群的世界；当你觉得周围全部是坏人的时候，那么哪怕在你口渴时别人递给你一杯水，你也会觉得对方是别有用心。这样想的时候，你的心情还能振奋起来吗？你对世界如此消极，世界又怎么会给你回馈积极呢？

有这样的一个年轻人，她的皮肤又黑又粗糙，她还有一个塌鼻子，厚嘴唇，她的眼睛很小；而且她很胖，无论怎么减肥都没有办法让自己瘦下来；她的声音很不好听，有些粗哑，感觉就像是男人的声音一样。最让她尴尬得无地自容的是，她的妈妈给她取的名字，竟然是叫"美丽"！

从小到大，每个人都拿这个名字来嘲笑她，给她取外号，叫她"丑八怪"。只有她的妈妈不这样认为，在她妈妈眼里，她是一个很出色的女孩。她的妈妈总是乐呵呵地告诉她，她非常聪明，学习很棒；她做得一手好菜，她心地善良、乐于助人，这样的她是最美丽的！

然而，这个女孩却看不到自己的这些优点，她认为妈妈只是在安慰她。到了这个年轻女孩如花一般的年龄时，她更加自卑和沮丧，从来没有一个男孩愿意追她，她暗恋过一个男孩，对方却嘲笑她丑得让人看见就倒胃口。她只好拼命地学习，她在学业上越走越好，她从小成绩就名列前茅，后来她读了大学，读完硕士，最后读到博士，依然是一个人形单影只。

不过，她反倒不那么在意容貌的缺陷了，那些嘲笑她的人多半都没有她有才，早早结婚生子了，当初她暗恋的那个男孩，现在也不过是一个普通的上班族而已。她却成为博士班的优等生，在她所学的专业上小有成就。

命运在这个时候给了她一个惊喜。

令她感到非常意外的是，就在她读博士班即将毕业的时候，同班一个男孩向她递送了情书，并且认真地告诉她，她真的很美丽很漂亮：皮肤不是黑，是那种很健康的小麦色，她笑起来很可爱，博士班的联谊会，她做得一手好菜让人回味无穷，甚至，他看到她十几年如一日地照顾一位孤寡老太太，觉得她非常善良……

这个女孩终于知道了，妈妈没有骗她，原来是金子总会发光，原来总有一个人会看得到你的努力和你的美丽。再后来，这当然没变成一个恶作剧的玩笑，一个女孩虽然外表不美丽，可是心灵却足够美丽，她善良上进，为什么不能得到成功呢？

成功有时候很近，有时候很远，近的时候是伸手就可以触摸到的。然而，很近很近的成功一定是和许多因素相关的，年轻人的勤奋上进、善良真诚，不就是她打动别人的最亮闪光点吗？故事中那个叫“美丽”的女孩，假如没有那些善良的举动，没有这些积极的因素，她一味地自怨自艾，躲在自己的世界里自卑，她怎么能成功呢？

如此看来，成功是不是很简单？

只要你积极面对生活，生活定会如你所愿。因为积极的心态能让你看到许多事情中闪光的一面，这样即使面对悲伤和挫折时，你也能迅速地找到复苏的力量。

人生最可怕的事情不是遭遇不幸，而是当你遭遇了不幸、遇到不快乐的事情，又以一个消极的心态面对时，那么你就永远没有办法寻找到振奋点了。只能日复一日地沉沦在痛苦之中，忽略掉许多东西，那么你还能得到你想要的一切吗？生活还会如你所愿吗？

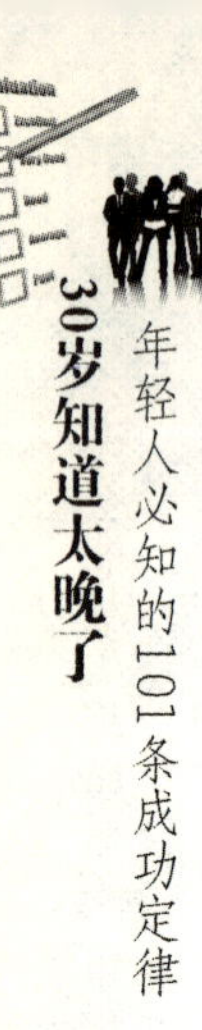

无论正在经历怎样的痛苦蜕变，作为年轻人都要记住，即使遇到不快乐、不开心、不幸、不顺利的事情，也要积极面对。只有你积极面对，积极扭转你的生活，生活才能如你所愿，你才能更好面对你的人生！

定律25:

“想”和“要”有本质的区别

30岁之前的你不妨问问自己,究竟是“想成功”,还是“一定要成功”?

亲爱的年轻人,“想”与“要”仅一字之差,但结果却有天壤之别。“要”虽也属渴望,但不只是停留在思维活动中,而是付诸实践,从而得到了应得的成功;“想”表达渴望成功,但只是思维活动,往往得不到想得到的成功。

“想”,是盲目的和非现实的,也是随意的、想当然的。它至多只是一种向往或抱有一种侥幸心理。“想”成功者,其目标要么游移不定,要么好高骛远,不着边际,因而很难整合现有资源,很难有计划,也不容易找到切实的方法:要么心中尽力地想,手上却迟迟不动;要么行动不坚决、不彻底、不持久,一旦遭遇挫折,立即为自己找个“本来就只是想想而已”的借口,下台了事。

“要”则全然不同,它是有目的和现实的,因而是明确的,会在付诸努力之后得到应得的成功。因而需要不断改变自己,检讨自己,创造条件,适应环境。

牛顿第一定律说,物体具有保持原来运动状态的性质,即惯性。其实,这不只是自然界特有的规律,人类社会也具有同样的特性,具有安于现状的倾向,即惰性。要重新唤醒成功的欲望,从潜意识上升到显意识,就得下“一定要成功”的决心。“一定要”不会凭空而起,下定决心也不会无缘无故。

南非黑人领袖曼德拉,为争取民族的自由、平等,与种族主义坚决斗争,坐牢27年,但斗争一刻没有停止过。最后他成功了,成了南非历史上第一位黑人总统,并获得诺贝尔和平奖。他曾经说过,之所以为民族自由和平等挺身而出,“并不是受到神谕或一时的灵感和心血来潮,而是因一千次眼泪、一千次屈辱、一千次绝望和痛苦!”

就如没有无缘无故的爱也没有无缘无故的恨一样,必须为成功找一个强大的理由。这个理由越充分、越刻骨铭心,成功的决心就越大,意志就越坚强。成功才有必要性,付出才可能持久。但是,这个理由决不可凭空捏造。

我国现代著名数学家苏步青出生在一个贫穷的农民家庭,父亲要拼命干活才能供他读书。他先在乡下念了三年私塾,后又到离家一百多里的县城小学读书。那时的苏步青非常贪玩,功课不好,一连三个学期都是班里倒数第一。

父亲又给他转了一所学校。一位关心他的老师见他读书不用功,就批评他说:“你能在这里念书,是父母流血流汗、省吃俭用换来的,你这样不用功学习,如何对得起父母呢?”这一席话对苏步青震动很大,他第一次感到自己错了。于是,他痛下决心,要好好读书。经过一年的努力,他的各科成绩一跃成为全班第一名。后来,他把数学作为自己的研究方向。中学毕业后,到日本留学,获博士学位,终成一代数学大家。

众所周知,唯有奋斗才能成功——这个道理是最容易理解,却又是最难做到的。难就难在“屡战屡败,屡败屡战”的韧性和毅力。

离成功越近的地方,留下的遗憾往往越多。“英雄不比普通人更有运气,只是比普通人更能延续最后5分钟的勇气”,于是,少数“吃得苦中苦”的人,最终成了“人上人”。

人只能得到自己应得的那一份,而不是自己想要的那一份。不属于你的,你劳心费神,手伸到棺材里也捞不到。辛勤耕耘者不会总是颗粒无收,坐享其成者终会一无所有。

定律26：别在挫折面前甘拜下风

挫折是指个人从事有目的的活动时，由于遇到阻碍和干扰，其需要得不到满足时表现出的一种消极情绪状态。人生难免会遇到挫折，没有经历过失败的人生不是完整的人生。没有河床的冲刷，便没有钻石的璀璨；没有挫折的考验，也便没有不屈的人格。正因为有挫折，才有勇士与懦夫之分。记住："天将降大任于斯人也，必先苦其心志，劳其筋骨，饿其体肤，空乏其身，行拂乱其所为，所以动心忍性，曾益其所不能"。

巴尔扎克说过："挫折和不幸，是天才的进身之阶，信徒的洗礼之水，能人的无价之宝，弱者的无底深渊。"生活中的失败挫折既有不可避免的一面，又有正向和负向功能——既可使人走向成熟、取得成就，也可能破坏个人的前途，关键在于你怎样面对挫折。适度的挫折具有一定的积极意义，它可以帮助人们驱走惰性，促使人奋进。

玫琳凯在美国可谓家喻户晓，然而在创业之初，她历经无数失败，走了不少弯路。但她从来不灰心、不泄气，最后终于成为一名大器晚成的化妆品行业的"皇后"。

20世纪60年代初期，玫琳凯已经退休回家。可是过分寂寞的退休生活使她突然决定冒一冒险。经过一番思考，她把一辈子积蓄下来的5000美元作为全部资本，创办了玫琳凯化妆品公司。

为了支持母亲实现这个"狂热"的理想，两个儿子一个辞去一家月薪480美元的人寿保险公司代理商工作，另一个辞去了在休斯敦月薪750美元的职务，加入到母亲创办的公司中来，宁愿只拿250美元的月薪。玫琳凯知道，这是背水一战，是在进行一次人生中的大冒险，弄不好，不仅自己一辈子辛辛苦苦的积蓄将血本无归，而且还可能葬送两个儿子的美好前程。

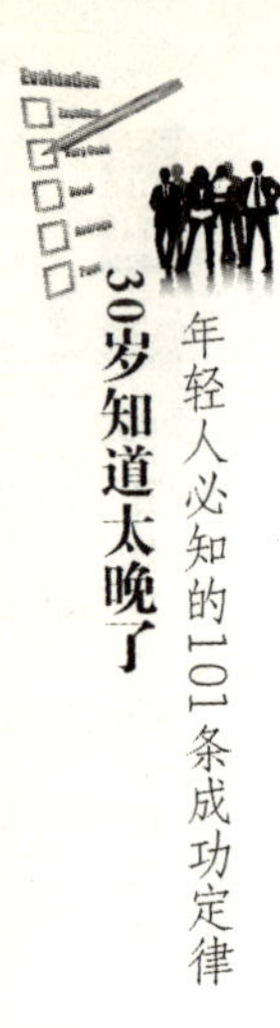

在创建公司后的第一次展销会上，她隆重推出了一系列功效奇特的护肤品，按照原来的想法，这次活动会引起轰动，一举成功。可是，"人算不如天算"，整个展销会下来，她只卖出去15美元的护肤品。

在残酷的事实面前，玫琳凯不禁失声痛哭，而在哭过之后，她反复地问自己："玫琳凯，你究竟错在哪里?"

经过认真分析，她终于悟出了一点：在展销会上，她的公司从来没有主动请别人来订货，也没有向外发订单，而是希望年轻人们自己上门来买东西……难怪在展销会上落得如此地步。

她擦干眼泪，从第一次失败中站了起来，在抓生产管理的同时，加强了销售队伍的建设……

经过20年的苦心经营，玫琳凯化妆品公司由初创时的雇员9人发展到现在的5000多人；由一个家庭公司发展成为一个国际性的公司，拥有一支20万人的推销队伍，年销售额超过3亿美元，而这其中所历经的种种挫折只有她自己最清楚。

玫琳凯终于实现了自己的梦想。

已经步入晚年的玫琳凯能创造如此的奇迹，并不是上天的怜悯，而是因为她具有面对挫折时永不服输的精神。失败很常见，但失败之后，如果不"偃旗息鼓"，不被困难击倒，不向命运屈服，那么你的人生路上定会绽放无数的成功之花。创建阿里巴巴网站的马云曾说："创业者成功要具备三大素质：实力、眼光、胸怀，而一次又一次的失败，就是实力。"

不要惧怕挫折，挫折是一个人人格的试金石，在一个人输得只剩下生命时，潜在心灵的力量还有几何？没有勇气，没有拼搏精神，自认挫败的人的答案是零；只有无所畏惧、一往无前、坚持不懈的人，才会在失败中崛起，奏出人生的华美乐章。

世界上有无数人，尽管失去了拥有的全部资产，然而他们并不是失败者，他们依旧有着不可屈服的意志，有着坚忍不拔的精神，凭借这种精神，他们依旧能成功。

真正的伟人，面对种种成败，从不介意，正所谓"不以物喜，不以己悲"。无论遇到多么大的失望，绝不失去镇静，只有这样才能获得最后的胜利。正如温特·菲力所说："失败，是走上更高地位的开始。"

许多人之所以获得最后的胜利,很大程度上受恩于他们的屡败屡战。因此,年轻人要记住:一个没有遇见过大失败的人,根本不知道什么是大胜利。

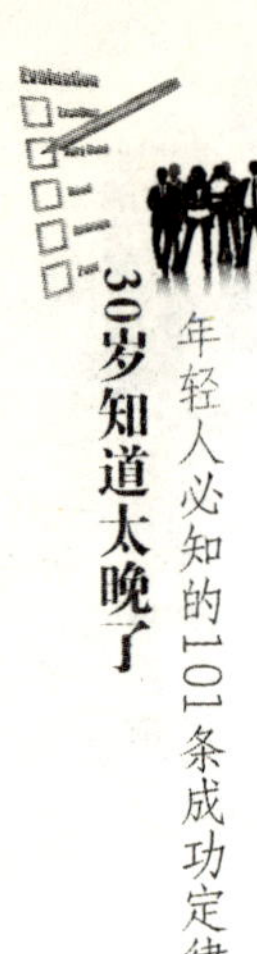

定律27：

拥有成功的决心，你才可能成功

在现实生活中，“野心”以及“企图心”两个词语，似乎成了为人所不齿的贬义词。其词义和中国传统文化所弘扬的无私、奉献、舍己为人、不求回报等是相违背的。“野心”也经常被人暗指含有“狼子野心”、“图谋不轨”、“居心叵测”等恶意。

其实，大多数人的这种看法是有失公允的。从另外一种意义上来说，“野心”更是成功的保障。一个没有野心的人，他的精神品质或许是值得尊敬的，是高尚的、伟大的。但要获得真正意义上的巨大成功，没有企图，没有谋略，会导致盲目；没有目标，没有计划，不讲回报，又何来前进和拼搏的动力？

野心是什么？野心就是目标，就是理想，就是梦想，就是企图，就是行动的动力！试看天下财富英雄，一个个都是野心家，比如洛克菲勒、比尔·盖茨、孙正义等。

有野心不是坏事，有野心才有动力、有办法、有行动。从现在开始，你要立即“做梦”，当一个野心家，设定赚钱的大目标：终生目标，10年目标，5年目标，3年目标以及年度目标。然后制订具体计划，开始果敢的行动。万事开头难，有目标就不难，创造财富是从制定目标开始的。天下没有不赚钱的行业，没有不赚钱的方法，只有不赚钱的人。

人的思考是源于某种心理力量的支持。一个连内心都懒洋洋的人，即使他有什么愿望，这些愿望对他来说也永远只能是漂浮的肥皂泡，甚至连肥皂泡都不算。因为愿望对他并没有什么美好的诱惑力，他也就丝毫没有力量去思考达到愿望的详细步骤。当人有了某种愿望后，就要去渴望达到或追求实现这些愿望，而不要总是找理由来打击自己的野心。但有一点是必要的，这种愿望在你的心中必须是意识所能接纳的，是美好的。

有句话是这样讲的：如果你把箭对准月亮，那么你可以射中老鹰；但如果你把箭对准老鹰，你就只能射中兔子了。亲爱的年轻人，如果你在这么年轻、这么精力充沛的人生阶段是这种状态，那你一辈子只能捉兔子了，甚至连兔子也射不到，沦落到守株待兔的境地，一生中再也没有射中老鹰的臂力，甚至连这样的机会上帝都不会给你。如果你是这样的状态，并且打算就这样持续下去，那你这一生就完了。

1949 年，一位 24 岁的年轻人充满自信地走进美国通用汽车公司，应聘做会计工作。他来应聘的原因只是因为他的父亲曾经说过“通用汽车公司是一家经营良好的公司”，并建议他去看一看。

在面试的时候，他的自信使助理会计检察官印象十分深刻。当时只有一个空缺，而面试的人告诉他那个职位十分艰苦难做，一个新手可能很难应付得来。但他当时只有一个念头，就是进入通用汽车公司，展现他足以胜任的能力与超人的规划能力。

当面试官在雇用这位年轻人之后，曾对他的秘书说过，“我刚刚雇用了一个想当通用汽车董事长的人”。

这位年轻人就是通用汽车前董事长罗杰·史密斯。罗杰刚进公司时结识的第一位朋友阿特·韦斯特回忆说：“合作的一个月中，罗杰正经地告诉我，他将来要成为通用汽车的总裁。”正如罗杰所愿，32 年之后，他成了通用的董事长。

拥有成功的野心，你才可能成功。拥有一颗奔腾不息的野心，会为你的生活创造一个孕育动力的落差，时刻提醒你去奋斗，引导你去奋斗；时刻让你与别人不同，让你能够激情地工作和生活；时刻给你憧憬和力量，让你倍感使命的召唤；时刻为你点燃希望的烛火，让你在黑夜中不会迷失方向。

生下来就一贫如洗的林肯，终其一生都在面对挫败：八次选举八次落败，两次经商都失败，甚至还精神崩溃过一次。好多次，他本可以放弃，但他并没有如此，也正因为他没有放弃，才成为美国历史上最伟大的总统之一。

“此路破败不堪又容易滑倒。我一只脚滑了跤，另一只脚也因而站不稳，但我回过气来告诉自己，这不过是滑一跤，并不是死掉都爬不起来了。”在竞选参议员落败后，亚伯拉罕·林肯如是说。

一位智者说：生，非我所求；死，非我所愿；但生死之间的岁月，却为我所

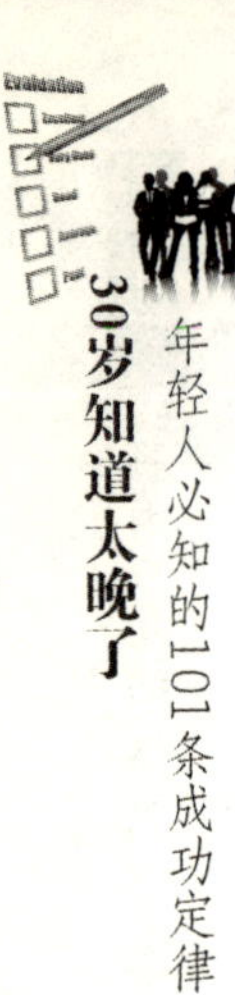

用。所以,当我们仰首感叹如烟往事时,不如低头审视一下自己的内心,野心的炉火是否还在燃烧,是否还在为你带来光和热;当我们卧躺枕边,想重拾昨夜的旧梦时,是否该为你的野心做些什么呢?

成功的法则有成千上万,但最重要的一点是:坚信自己会成功,让自己有颗奔腾不息的野心。有钱跟运气无关,但与你的野心有关。要赚钱,就必须有赚钱的野心;要成功,就必须有成功的野心。

定律28：

永不放弃，只要有信念就一定会成功

决定一个人成功与否的关键因素是一个人如何从失败中找到信念，然后用信念支撑我们走向成功。

任何希望成功的人必须有永不言败的决心，并找到战胜失败、继续前进的法宝。不然，失败必然导致失望，而失望就会使人一蹶不振。

艾柯卡曾任职于世界汽车行业的领头羊——福特公司。由于其卓越的经营才能，自己的地位节节高升，直至坐到福特公司的总裁。

然而，就在他的事业如日中天的时候，福特公司的老板——福特二世却出人意料地解除了艾柯卡的职务，原因很简单，因为艾柯卡在福特公司的声望和地位已经超越了福特二世，所以他担心自己的公司有朝一日会改姓为“艾柯卡”。

此时的艾柯卡可谓是步入了人生的低谷，他坐在不足十平米的小办公室里思绪良久，终于毅然而果断地下了决心：离开福特公司。

在离开福特公司之后，有很多家世界著名企业的头目都曾拜访过他，希望他能重新出山，但被艾柯卡婉言谢绝了。因为他心中有了一个目标，那就是“从哪里跌倒的，就要从哪里爬起来！”

他最终选择了美国第三大汽车公司——克莱斯勒公司，这不仅因为克莱斯勒公司的老板曾经“三顾茅庐”，更重要的原因是此时的克莱斯勒已是千疮百孔，濒临倒闭。他要向福特二世和所有人证明：我艾柯卡不是一个失败者！

入主克莱斯勒之后的艾柯卡，进行了大刀阔斧的整顿和改革，终于带领克莱斯走出了破产的边缘。艾柯卡拯救克莱斯勒已经成为一个著名的商业案例。

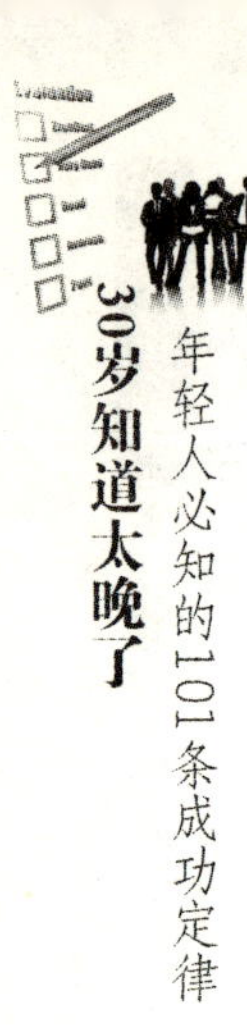

决定成功与否的关键因素是一个人如何对待失败。

如果你的内心认为自己失败了，那你就永远地失败了。诺尔曼·文森特·皮尔说："确信自己被打败了，而且长时间有这种失败感，那失败可能变成事实。"而如果你不承认失败，只是认为是人生一时的挫折，那你就会有成功的一天。

有些人之所以害怕失败，是因为他们害怕失去自信心，其结果便是他们试图将自己置于万无一失的位置。不幸的是，这种态度也把他们困在一个不可能做出什么杰出成就的位置。

还有的人惧怕失败，是因为他们害怕失去第二次机会。在他们看来，万一失败了，就再也得不到第二个争取成功的机会了。

亨利·福特说："失败不过是一个更明智的重新开始的机会。"福特本人也有过失败的直接体验。他头两次涉足汽车工业时，以破产失败而告终，但第三次他成功了。福特汽车公司至今仍然充满活力，仍是世界最大汽车生产厂家之一。

另一个有名的"失败"故事的主人公是个年轻人。他的梦想是进入美国西点军校，毕业后服务于国家。他两次报考均未被录取，第三次报考时终于如愿以偿。这个年轻人就是道格拉斯·麦克阿瑟。后来他成为美国最高级将领之一，在第二次世界大战期间担任太平洋战区盟军总司令。就像亨利·福特所说的一样，他从来没有放弃。

没有人一生从不失败。这话听起来实在太简单，却是至理名言。

还有人在生活中、事业上稍遇一点挫折、失败就开始变得颓废不堪，萎靡不振，这实在是他最大的悲哀！因为只要自己还活着，只要自己还有思想有意识，哪怕只剩下大脑能思考，你也会有改变人生的机会！

30 岁以前的心态决定你的命运

马斯洛说过:“心若改变,你的态度跟着改变;态度改变,你的习惯跟着改变;习惯改变,你的性格跟着改变;性格改变,你的人生跟着改变。”

因此,年轻人要想取得成功,首先要改变自己的心态。那么 30 岁以前的年轻人要想成功,应该保持什么样的心态呢? 有关心理励志大师,指出以下三点是年轻人要学习的:

1. 不满现状的人才能成为富翁

如果你安于现状,奋斗的激情就会渐渐失去。只有那些不满足现状的人,才能成为富翁,才能成为真正的成功者。

有一个著名的渔夫的故事:

在一个天气晴朗、风和日丽的下午,一位富翁到海边度假。他决定拍摄一些海上的景色,于是咔嚓咔嚓地拍了起来。拍摄声吵醒了一位正在睡觉的渔夫,渔夫抱怨富翁破坏了他的好觉。

富翁说,今天天气这么好,正是捕鱼的好天气,你怎么在这睡大觉呢?

渔夫说,我给自己定的目标是每天捕 20 斤鱼,平时要撒网 5 次,今天天气好,我只撒网 2 次,任务全部完成了,所以没事睡睡午觉。

富翁说:“那你为什么不趁机多撒几次网,捕更多的鱼呢?”

“那又有什么用呢?”渔夫不解地问。

富翁得意地说:“那样你可以在不久的将来买一艘大船。”

“那又怎样呢?”

“你可以雇人到深海去捕更多的鱼。”

“然后呢?”

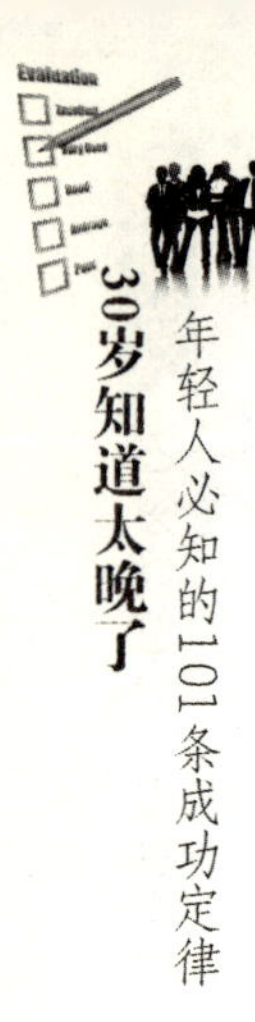

“你可以办一个鱼加工厂。”

“然后呢?”

“你可以买更多的船,捕更多的鱼,把加工后的鱼卖到世界各地。”

“然后呢?”

“那你就可以做大老板,再也不用捕鱼了。”

“那我干什么呢?”

“你就可以在沙滩上晒晒太阳,睡睡觉了。”

渔夫说:“那我现在不就在睡觉晒太阳吗?”

由此可见,不满足现状的人,才能产生拼搏的激情。现在很多人都很欣赏渔夫的这种怡然自得地晒太阳的生活方式,但他这种晒太阳是一种低层次的,与富翁的晒太阳是两种完全截然不同的生活质量。如果人们像渔夫那样天天晒太阳,社会就无法进步,人类文明就无法发展到今天的辉煌。

如果要是你的话,你是愿意做富翁呢? 还是愿意做渔夫?

2. 敢于梦想

这个世界永远属于追梦的人,成功的人都是敢于梦想的人。关于“敢于梦想”这一点,美国人就做得很好,他们能够将一个小商品做成世界级的连锁店。

在世界各地拥有4300家快餐店的温迪国际公司创始人、商务经理戴维·托马斯就是这样一种人。

12岁时,他们家迁到田纳西州的诺克斯维尔,他设法使一位餐馆老板相信他已16岁,老板才雇他做便餐柜台的招待,每小时25美分。

餐馆老板弗兰克和乔治·雷杰斯兄弟是希腊移民,刚来美国时,老板曾干过洗盘子和卖热狗的工作。老板极为坚强,并为自己定下了非常高的标准,但从来不要求雇员做他们自己做不到的事。

不满足现状的人,才能产生拼搏的激情。弗兰克告诉他:“孩子,只要你愿意努力尝试,你就能为我工作;如果你不努力尝试,也就不能为我工作。”老板所说的努力尝试包括从努力工作到礼貌待客等一切内容。当时通常的小费是10美分硬币。但如果他能很快把饭菜送给顾客并服务周到,有时就能得到25美分小费。他记得曾尝试自己一个晚上能接的多少顾客,结果创下了100位的记录。

通过第一份工作，他认识到，只要努力工作并专心致志，就会成功！

宁可因梦想而忙碌，不要因忙碌而失去梦想。从来也不梦想的人，生活必定平淡庸俗。

3. 出身贫寒，并非一辈子都会贫寒，只要你永远保持那颗进取的心

我们现在大多数人都来自于贫民家庭，许多成功的人士也是贫民出身。我们没有很好的背景，我们所拥有的只是一颗进取的心，只要我们不懈地努力奋斗，我们就一定能够取得成功。

据统计，在中国成功的中上层人士中，有小城或农村背景的比例正在扩大。如金融风云人物的马蔚华、杨贤足，商界风云人物的王志东、求伯君、刘永行、刘永好等都来自小城和乡村，考察一下在北京大学任教的57名院士，来自小城或乡村的竟有40名！

英雄不论出身。一个人成就的大小，取决于一个人的心态。如果你总认为自己是个贫民，那你今生将永远是个穷人。圣女贞德说过："所有战斗的胜负首先在自我的心里已见分晓。"你看看身边那些成功的人士，有多少是有家庭背景的人，大部分都出身于平民家庭。

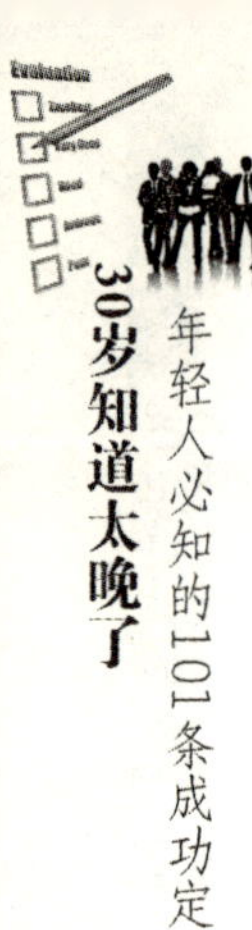

定律30：

积极心态是成功者的首要标志

很多没有成功的人认为，他们之所以没有成功，是环境或别人造成的。这些人还常说他们的想法无法改变，但事实上，他们的境况根本不是周围环境造成的。

说到底，如何看待人生，完全由你自己决定，成功掌握在自己的手中。一个人要想成功，是心态积极的结果，你究竟能飞多高，并非完全由你的某些因素决定，而是由你自己的心态所制约的。

事实上，即使碰运气能取得暂时的成功，其成功也只能是昙花一现，转瞬即逝。换句话说，你从来不会见到持消极心态的人能够取得持续的成功。

成功人士的首要标志，在于他的心态。一个人如果心态积极，乐观地面对人生，乐观地接受挑战和应付各种麻烦事，那他就成功了一半。

我们必须面对这样一个客观的事实：在这个世界上，成功卓越者少，失败平庸者多。成功卓越者活得充实、自在、潇洒，失败平庸者过得空虚、艰难。

为什么会这样？仔细观察，比较一下成功者与失败者的心态，尤其是关键时候的心态，我们就会发现，“心态”是导致人生截然不同的决定性因素。

有这样一个故事，对我们每个人都极有启发。

塞尔玛陪伴丈夫驻扎在一个沙漠的陆军基地里。她丈夫奉命到沙漠里去演习，她只能一个人留在陆军的小铁皮房子里，这里天气热得受不了，也没有人陪她谈天说地，因为这里只有墨西哥人和印第安人，而他们不会说英语。她非常难过，于是就写信给父母，说要丢开一切回家去，她父亲在写给她的回信中只有一句话，这句话里的深刻寓意却永远镌刻在她的心中，完全改变了她的生活。

这句话就是：

两个人从牢中铁窗望出去，一个看到了泥土，一个却看到了星星。

塞尔玛反复读着这封短信，越读越觉得惭愧，终于，她决定要在沙漠中找到星星。塞尔玛开始和当地人交朋友，他们的反应使她非常惊奇，她对他们的纺织、陶器表示很有兴趣，他们就把平时最喜欢且舍不得卖给观光客人的纺织品和陶器送给了她。塞尔玛开始研究那些让人着迷的仙人掌和各种沙漠植物，又学习了有关土拨鼠的知识。她观看沙漠日落，还寻找海螺壳，这些海螺壳是几万年前这里还是海洋时留下来的……原来使人难以忍受的环境竟变成了令她兴奋、流连忘返的奇景。那么，是什么使塞尔玛的内心有了这什么大的转变呢?

沙漠并没有改变，印第安人也没有改变，唯一改变了的是塞尔玛的念头和心态。

一念之差，使塞尔玛把原先认为恶劣的情况变成了一生中最具有意义的冒险。她为发现了新世界而兴奋不已，并为此写了一本书——《快乐的城堡》。

塞尔玛从自己造的牢房里走出来，终于看到了星星。

事实上，在我们的日常生活中，之所以潜伏着那么多的失败平庸者，主要是由于心态的问题。遇到困难，他们只会选择一条容易的退却之路，他们消极地说："我不行了，我还是退缩吧。"结果陷入失败的深渊。而成功者遇到困难，仍然会抱着积极的心态，用"我要！我能！""一定有办法"等积极的意念鼓励自己，于是便能想尽办法，不断前进，直至成功。爱迪生试验失败几千次，从不退缩，最终成功地创造了照亮全世界的电灯，就是一个最好的例证。

因此，一个人能否成功，关键在于他的心态，成功者与失败者的差别在于成功者具有积极心态，而失败者则运用消极的心态去面对人生。

成功者运用积极心态支配自己的人生，他们始终用积极的思考、乐观的精神支配和控制自己的人生；失败者则是受过去的种种失败与疑虑所引导和支配，他们空虚、悲观、失望、消极、颓废，最终还是走向了失败。

运用积极心态支配自己人生的人，拥有积极奋发、进取、乐观的心态，他们能乐观向上地正确处理人生中遇到的各种困难、矛盾和问题。运用消极心态支配自己人生的人，心态悲观、消极、颓废，不敢也不愿意解决人生所面

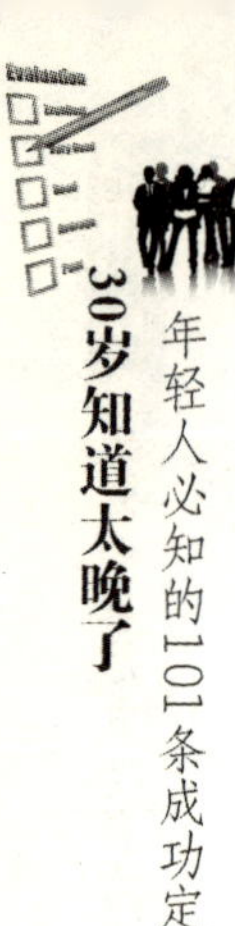

对的各种问题、矛盾和困难。

说到这里，告诫年轻人，关于心态，我们要充分意识到以下几点：

1. 我们怎样对待生活，生活就怎样对待我们。

2. 我们怎样对待别人，别人就怎样对待我们。

3. 我们在一项任务刚开始时的心态决定了最后能有多大的成功，这比任何其他因素都重要。

4. 人们在任何重要组织中地位越高，就越能找到最佳的心态，难怪有人说，我们的环境——心理的、感情的、精神的——完全由我们自己的态度来创造。

当然，有了积极心态并不能保证事事成功，但积极心态肯定会改善一个人的日常生活。积极心态并不能保证他凡事心想事成，只有当积极心态和事业成功定律的其他要素紧密结合后，才会到达成功的彼岸。但没有积极的心态则一定不能成功。

定律31：

以老板的心态来做事

一位心理学家在一项研究中，为了实地了解人们对于同一个工作在心理上所折射出来的个体差异，来到一所正在建筑中的大教堂，对现场忙碌的敲石工人进行访问。

心理学家问他遇到的第一位工人："请问您在做什么？"

工人没好气地回答："在做什么？你没看到吗？我正在用这个重得要命的铁锤，来敲碎这些该死的石头。而这些石头又特别的硬，害得我的手酸麻不已，这真不是人干的工作。"

心理学家又找到第二位工人："请问您在做什么？"

第二位工人无奈地答道："为了每天500美元的工资，我才会做这件工作，若不是为了一家人的温饱，谁愿意干这份敲石头的粗活？"

心理学家问第三位工人："请问您在做什么？"

第三位工人眼光中闪烁着喜悦的神采："我正参与兴建这座雄伟华丽的大教堂。落成之后，这里可以容纳许多人来做礼拜。虽然敲石头的工作并不轻松，但当我想到，将来会有无数的人来到这儿，在这里接受上帝的爱，心中就会激动不已，也就不感到劳累了。"

同样的工作，同样的环境，却有如此截然不同的感受。美国心理学家亚伯拉罕·马斯洛提出了"需要的五个层次说"：

1. 基本的需要：对于食物和衣物的需要，以抵御饥饿和寒冷。

2. 安全的需要：对居住在一个可以感到安全的地方的需要。

3. 社交的需要：与他人分享兴趣、爱好和交友的需要。

4. 获得尊重的需要：要求别人赞扬和认可的需要。

5. 充分发挥能力、自我实现的需要：自我实现与充分发挥自身潜能的

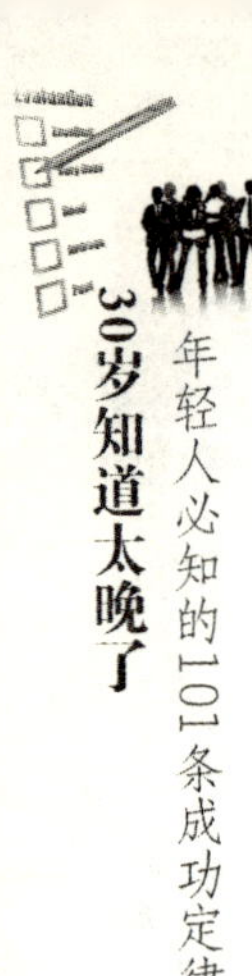

需要。

心理学家认为，为工作而工作的人，很少有机会获得第4种和第5种人类需要。由于他们的生命需求没有得到最大程度的满足，或多或少的，他们失去了部分的生命乐趣。

因此，做为年轻人，既然从事一份工作，就应该具有高度责任感和创造力，要学会充分享受工作带来的乐趣和荣誉，同时，年轻人应该有老板的心态来做事，应该有为自己工作的念头，通过努力工作带给自己足够的尊严，和实现自我的满足感。这样才能通过工作真正体味到工作的乐趣、生命的乐趣，这样的工作才能最终走向成功。

你在为谁工作？毫无疑问，任何想成功的年轻人，都应该有一个信念：那就是为自己工作，以老板的心态对待工作。

如果你以老板的心态来工作，那么，你就会以全局的角度来考虑你的这份工作，确定这份工作在整个工作链中处于什么位置，你就会从中找到做自己份内工作的最佳方法，会把工作做得更圆满，更出色。以这种心态进行工作，你就不会拒绝上司派来的你有时间和精力来承担的工作。你会认为这是表现自己工作能力、锻炼自己技能和毅力的一次机会。有了这样的心态，你就会因工作做得出色而使薪水得到提升，即便你没有得到提升，或你得到提升而不想做，你也会因纵观全局的领导能力得到培养、锻炼和提升，从而为你将来自己创业准备条件。

年轻人，请记住，一定要以老板的心态打工，既是为了得到那份薪水，也为自己独立创业准备条件。所以，作为一个年轻人，在一开始工作的时候，不必太计较薪水的多少，而一定要注意工作本身给予你的报酬，如技能的培养、经验的积累、品格的提升等。

当然，让你以老板的心态来做事，并不是要你摆出老板的架子。因为摆出老板的架子，会给你的工作带来负面影响。

定律32:

苛求完美是一种病态

在印度佛教的《百喻经》中,有这样一则可笑而发人深省的故事。

有一位先生娶了一个体态婀娜、面貌娟秀的太太,两人恩恩爱爱,是人人慕羡的神仙美眷。这个太太眉清目秀、性情温和,美中不足的是长了个酒糟鼻子。柳眉、凤眼、樱桃小嘴,瓜子脸蛋上却长了个酒糟鼻子,好像失职的艺术家,对于一件原本足以著称于世间的艺术精品少雕刻了几刀,显得非常突兀、怪异。

这位丈夫对于太太的鼻子终日耿耿于怀。一日出外经商,行经贩卖奴隶的市场,宽阔的广场上,四周人声鼎沸,争相吆喝出价,抢购奴隶。广场中央站了一个身材单薄、瘦小的女孩子,正以一双汪汪的泪眼,怯生生地环顾着这群如狼似虎,决定她一生命运的男人。这位丈夫仔细端详女孩子的容貌,突然间,他被深深地吸引住了。好极了!这个女孩子的脸上长着一个端端正正的鼻子,他不计一切买下了她!

这位丈夫以高价买下了长着端正鼻子的女孩子,兴高采烈地带着她赶回家中,想给心爱的妻子一个惊喜。到了家中,他把女孩子安顿好之后,用刀子割下女孩子漂亮的鼻子,拿着血淋淋而温热的鼻子,大声疾呼:“太太!快出来了!看我给你买回来最宝贵的礼物!”

“什么贵重礼物,让你如此大呼小叫的?”太太疑惑不解地应声走出来。

“嗨,你看!我为你买了个端正美丽的鼻子,你戴上看看。”

丈夫说完,突然抽出怀中的利刃,一刀朝太太的酒糟鼻子砍去。霎时太太的鼻梁血流如注,酒糟鼻子掉落在地上,丈夫赶忙用双手把端正的鼻子嵌贴在伤口处。但是无论他怎样努力,那个漂亮的鼻子始终无法粘在妻子的鼻梁上。

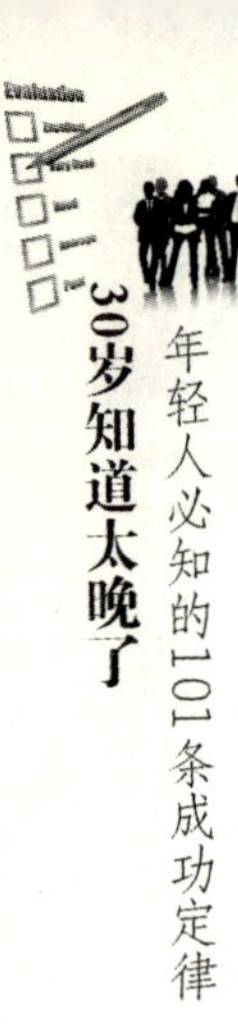

可怜的妻子，不但没有得到丈夫苦心买回来的端正而美丽的鼻子，反而失掉了自己那虽然丑陋但是货真价实的酒糟鼻子，还受到无端的刀刃创痛。而那位糊涂丈夫的愚昧无知，更是让人可怜！

有些事，可以通过努力改变；有些事，无论如何努力都改变不了。对于我们不能改变的，不管喜欢与否，我们只能接受它们，不要抗拒。

年轻人爱美没有错，追求完美也没有错，但是过分苛求完美就是一种病态了。哲人说："完美本是毒。"事事追求完美是一件痛苦的事，它是毒害我们心灵的药饵。

人生确实有许多的不完美，但我们可以选择走出不完美的心境，而不是在"不完美"里哀叹，当然，也不是一味地追求所谓的完美。

世界并不完美，人生当有不足。留些遗憾，反倒使人清醒、催人奋进，是好事。没有皱纹的祖母最可怕，没有遗憾的过去无法链接人生。

最后，告诉年轻人，如果你是"完美主义者"，建议你变成"完成主义者"吧！不必在乎成果如何，也不要管别人的批评，只要开始行动就可以了。

定律33：

输得起才能赢得起

玩牌的时候，如果看到谁因为输了牌闷闷不乐，就会有人在背地里甩出一句："输不起就别玩。"通常情况下，如果一个人患得患失，就会在出牌的时候表现得谨小慎微，犹豫不决，甚至焦虑不安，输的可能性也随之加大，正所谓"越是怕什么越是来什么"。

在通往成功的道路上也是如此，你越是害怕失败，失败越是跟着你不放。

因为输不起就没有了平常心，没有了平常心，又何以能赢呢？所以，我们强调输得起才赢得起，其实强调的就是平常心对你的输赢起着至关重要的作用。

2008年3月8日，夺得世界室内田径锦标赛男子组冠军的刘翔在比赛刚刚结束时，接受新华社记者采访时说："我现在的心情很平静，连我自己都没想到会拿冠军。"他甚至半开玩笑地说："我的起跑并不快，但我也不知道自己是怎么稀里糊涂后来居上的。"在赛后的记者招待会上也一再强调，他现在是以非常"平静的心情"对待每一场比赛，只要尽力就行。

当然，平静对待并不代表草率对待，或者说不够重视，他是很认真地、脚踏实地地，去对待每场比赛，去发挥自己的真实水平。

不要小看这一颗平常心，更不要小看这一句"发挥自己的真实水平"，其实也许正是刘翔的这颗平常心在某种程度上帮助他赢得了最后的胜利。这也说明，刘翔在心理上真正成熟了，能处变不惊，而对他的对手来说，这一点应该是最可怕的。

赛场上，如果得失之心太重，心中认定自己一定要拿冠军，给自己造成过大的心理压力，很容易影响比赛时正常水平的发挥。比赛，其实比的不仅

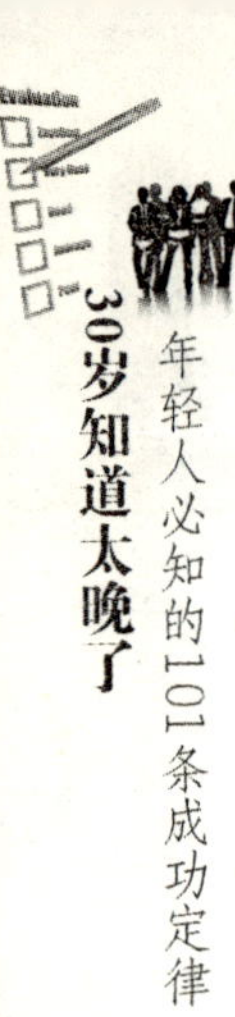

仅是你苦练后的技能，还有你的心态，心态不好，注定要失败。

一场精心设计的比赛总是输的人多，赢的人少，如果说只有冠军是胜利者，那么胜利的人只有一个，其余的都是失败者。正因为胜利很重要，大家都想成为最后的那一名胜出者。要想成为成功者就要在比赛的时候，淡化自己对胜利的这种渴望，缓解压力，保持平和的心态。否则，若是心有杂念，还没上场其实就已经输了。

在2004年的雅典奥运会上，滕海滨在男子体操团体决赛中出现了3次失误，最终中国队卫冕团体冠军失败，他为此陷入了深深的自责与压抑之中。在接受记者采访时，他说："我一个人的失误导致了我们整个团体的失败，使我们团体4年的努力付诸东流，我感觉很对不起他们。"

如果背负着这种压力，之后的比赛成绩也必定会受影响，所以教练想方设法减轻他的压力，让他甩开包袱。在教练的帮助下滕海滨恢复了自信，决定重整旗鼓，尽量在后面的比赛中取得好名次。

6天后是男子鞍马比赛，鞍马这一项目向来是争夺最为激烈的一项。滕海滨最后一个出场，这时，教练黄玉斌在他开始比赛之前走到了鞍马前，伸手拍掉前一名选手留下的镁粉，轻轻对他说了一句话。

随后，滕海滨一扫团体失利的阴影，修长的身体在鞍马上前后挪移，在做全旋动作时身体犹如一条直线，他成功地完成了整套动作稳稳地落在地上，一切都是如此完美，裁判给出了9.837的高分，超过了三届世锦赛冠军罗马尼亚老将乌兹卡的9.825分。

滕海滨脸上的阴云终于消散了，他赢得了金牌，这是中国体操队在雅典奥运会上的第一块金牌，也是滕海滨体操生涯中的第一块奥运金牌。

赛后，记者问滕海滨，教练在他的耳边说了一句什么话，滕海滨回答说："只有三个字'放开打'，这三个字在那个时候给了我无穷的信心。"

也曾有人问奥运赛场上越战越勇的老将王义夫，有没有想过如果输了怎么办？王义夫说："我们都是在成败的反复交替当中成长起来。我输得起，输得起就赢得起。"

人生有时像个赌局，谁都不可能总是赢家，谁也不可能总是输家。古人说"胜败乃兵家常事"，只有经得起失败的摔打，承受得住失败的打击，才能历练出获得成功的本领。而且，只有经历失败，我们才能看到自身的弱点，认清自己的劣势，不断提高自己，加强自己，使自己站在更高的台阶上。

被誉为世界第一 CEO 的杰克·韦尔奇读高中时曾经是校冰球队的成员。在一次联赛中，他们开始连赢了 3 场，随后却连输了 6 场比赛，而且其中 5 场都是一球之差，所以在最后一场比赛中，杰克·韦尔奇极度地渴望胜利。

在上半场杰克·韦尔奇就连进两球，下半场对方也连进两球，将比赛拖入了加时赛。加时赛开始没多久，对方又进了一球，比赛结果 2 比 3，他们输了。

杰克·韦尔奇愤怒地将球棍摔向了对方场地，怒气冲冲地进了更衣室。就在这时，门突然开了，他母亲大步走了进来，一把揪住他的衣领，冲着他大吼道："你这个窝囊废！如果你不知道失败是什么，你就永远都不会知道怎样才能获得成功。如果你真的不知道，你就最好不要来参加比赛！"

母亲的话永久地留在了杰克·韦尔奇心里，是他的母亲让他懂得了在前进中接受失败的必要。在此之后，每次比赛时他都能有一个平静的心情，这也为他日后的成功打下了牢固的基础。

成功就像一场赌博，谁都想赢，但因为怕输，很多人不敢赌，所以注定是输家。其实输赢赌的就是心理，谁不怕输，谁就能赢得最终的胜利。但是，这个"不怕输"必须是真正的心无杂念，以平常心对待，强装是没有用的，强装只能让你在最后关头退却，把赢家的位子拱手让给别人。

所谓输得起，就是输了也不在乎，既然输了也不在乎，做起来就一定会很专注，这样往往能赢。即便这次不能赢，也能为下一次的成功积累资本。输赢，很多时候拼的就是心态，想赢，那就从输开始吧。

定律34:

不过分追求公平,世界本来就不公平

我们经常听人说:“这不公平!”我们整天要求公平合理,每当发现公平不存在时,心里便不高兴。应当说,要求公平并不是错误的心理,但是,如果因为不能获得公平,就产生一种消极的情绪,这个问题就要引起注意了。

实际上,在这个世界上绝对的公平并不存在,你要寻找绝对公平,就如同寻找神话传说中的宝物一样,是永远也找不到的。

这个世界不是根据公平的原则而创造的,比如,鸟吃虫子,对虫子来说是不公平的;蜘蛛吃苍蝇,对苍蝇来说是不公平的;豹吃狼、狼吃獾、獾吃鼠……只要看看大自然就可以明白,这个世界并没有公平。飓风、海啸、地震等都是不公平的,公平只是神话中的概念。

人们每天都过着不公平的生活,快乐或不快乐,是与公平无关的。

这并不是人类的悲哀,这只是一种真实情况。

成龙出生在香港的一个贫困家庭,在全家人走投无路的情况下,成龙的父亲把幼小的他送进戏班学戏。成龙在戏班吃尽苦头,在当时演戏是很低贱的行业,并不像现在这样受人尊重,年幼的成龙几次偷偷回家,但都被父亲骂了回去。

很多年之后,长大成人的成龙练就了一身本领,此时的戏曲行业一落千丈,取而代之的是蓬勃发展的影视业。但大鼻子小眼睛的成龙一直不被人看好,虽然电影公司留下了他,但他只能在邵氏片场跑跑龙套。一切的辛酸与苦难,成龙都以超人的忍耐力承受着,并为达成自己的目标而默默努力着。

凭着一身好武功和敢打敢拼的精神,成龙渐渐在业内有些名气了。有一天,业内的一位何先生请成龙担当一个剧本的主角,并给了他一张100万的支票，100 万对于当时月收入只有 3000 元的他来说，不异于天文数字。不过，成龙为了不让所属公司因自己毁约而受损，毅然将支票退了回去。

这件事传开后，公司很受感动，主动买下了何先生的剧本，并让成龙自导自演这部名为《笑拳怪招》的电影，影片大获成功，创造了当年的票房纪录。成龙也从此开始了自己的影视巨星之路。

有些人一出生就面临贫穷、痛苦，必须通过超出一般人的努力才能得到他们想要的一切。但是上帝在向这些人关闭一扇门的同时也为他们打开了另一扇门：上帝给这些人一个聪慧的头脑，一个健康的体魄，一颗不甘于接受命运的安排而勇于挑战现实的勇敢的心！

其实，命运对任何人来说，既不是天堂也不是地狱。因为，无论一个人出身如何，这个人都有属于自己的快乐和悲伤，都有属于自己的人生。真正领悟了生活真谛的人，是从来不惧怕残酷命运的。

如果我们总是习惯一味地埋怨"为什么命运会对我如此不公"，那么我们的思维就会总在这个圈里打转，我们就可能会让自己变得悲观绝望。当我们面临生活的"独木桥"时，我们可能会因看不到前方而掉入深渊，或者看到了前方却没有勇气走上独木桥而任由命运宰割。

生活不总是公平的，这着实让人不愉快，但确是我们不得不接受的真实处境。我们许多人所犯的一个错误便是为了自己或他人感到遗憾，认为生活应该是公平的，或者终有一天会公平。其实不然，绝对的公平现在不会有，将来也不会有。不管未来如何，抓紧现在是我们唯一的选择，抓住明天是我们能补救的唯一措施，这样我们的生活才不会失去光泽。

也许出身让我们过早地领略了现实的残酷，但同时也让我们很早就认清现实，年轻人就要敢于面对现实，敢于挑战命运的不公，只有这样才能做自己命运的主人。

世界本来就是不公平的，因此奉劝现在的年轻人，有些不公平经历是无法逃避的，也是无从选择的，我们只能接受已经存在的事实并进行自我调整，抗拒不但可能毁了自己的生活，而且也许会使自己精神崩溃。因此，人在无法改变不公和不幸的厄运时，要学会接受它、适应它。

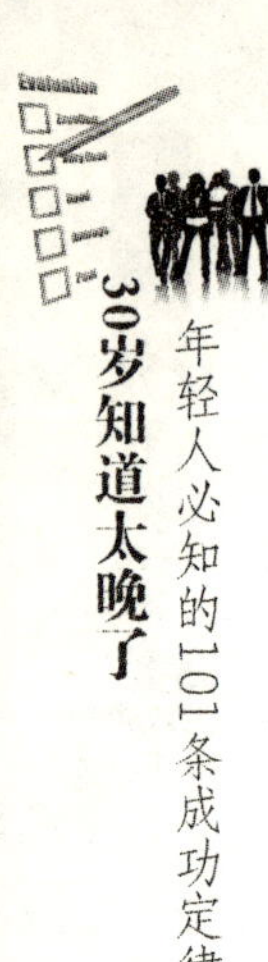

定律35：

十个想法不如一个行动，行动才有机会

一切事情的成功，无不从“行动”开始，如果连行动都没有，你怎么知道你认为的困难就真的是困难？你怎么知道你遇上的困难就不能解决？你又怎么知道你一定没有成功的机会？所以，凡事先行动了再说吧！

在北京说起“飞宇”网吧，很多人都知道。可网吧的老板是谁，恐怕就没有几个人知道了。王跃胜就是“飞宇”网吧的 CEO，他还是九届人大代表。1985 年的时候，他是共青团的突击手，当时还在团中央的胡锦涛同志给他发了奖杯。

可是，又有谁知道王跃胜是一个农民呢？虽然他是一个农民，但他却在号称中国“硅谷”的中关村核心地带北京大学南门外开网吧，一开就是 18 家。而在全国，他开了 300 家。王跃胜相信“网络改变命运”这句话，因为他自己已经彻底地被网络改变了命运。王跃胜希望网络能够改变更多人的命运。在他的网吧里，几十万人学会了上网。

王跃胜做过煤矿工人，可他以前没干过重体力活，下井才 7 天，就弄得浑身是伤。后来，他也曾清理过马圈，扫过煤路。看着又脏又累又无聊的工作，王跃胜问自己：难道一辈子就做这个？

1982 年，王跃胜从父亲那里要了 80 元钱，又东拼西凑了 100 多元，这总共不到 200 元钱就是他准备挖第一桶金的全部资金。他四处筹资，办起了加油公司，很快就积累了可观的收入。但是，他并没有停止前进的脚步。1997 年 5 月，公司上了一套电脑管理系统，刚开始也没觉得怎么好使。可他慢慢就发现，每月结账的时候，它的作用特别大，以前需要 2 ~ 3 天才能结清的账，计算机十几分钟就解决了。有了电脑管理系统，也带来了新的问题，因为需要维护设备，使用软件，公司又没有人懂，一有问题就要往北京跑，太麻烦。

于是，王跃胜又想：不如在北京开个公司，找几个高科技人才，办事也方便。

1997年7月，王跃胜第一次来到中关村。他在北京待了两个月，几乎走遍了中关村的每个角落，深切地体会到电脑软件门外汉的滋味，认识到再靠当年的苦干是不行了，根本无法立足。一次很偶然的机会，王跃胜进了一家网吧，发现里面全是大学生。这时，一个想法在他的脑海中产生了：既然大学生都喜欢去网吧，那就开一个网吧，既能交朋友，又能找人才。主意一定，他就开始选地方，北大、清华、理工大、北航等学校一比较，发现还是北大这边好，小南门离学生宿舍才几十米，出门就能上网，并且还处于中关村的核心地带，周围辐射清华、人大，所以就选定北大南门。1998年2月14日，飞宇网吧开业了。

刚开业的时候，飞宇只有25台电脑，100多平方米营业面积。他到电信局申请64K专线的时候，电信局的人说，现在上网的人不多，太超前了，要小心。可他还是特别看好网络的发展，就毫不犹豫地申请了。

飞宇网吧每天的电脑上网时间达到23.6小时。大学未放假时，几乎每天都可以看到排队等候上网的奇景。现在，如果你去北京海淀路北大南墙一段，发现哪儿挤满了自行车，不用抬头，这里的招牌一定是“飞宇”。

“飞宇网吧”早上7~9点免费上网。每天8点59分时，北大小南门总会出现这样一个场景：突然间，北大南墙的“飞宇网吧”的各个大门都打开，年轻人像流水一样涌出来。

“想到了好主意，我一定马上实行，就像我办加油站那样。”憨厚的王跃胜告诫年轻人，有了想法就赶快行动，不论你有多么敏锐、独特的眼光，不论你有多么超前、独到的创意，你都得落实到行动上才会有成果。眼光是好的，行动是慢的，最终还是一场空。

试就是机会。在该试的时候，只有敢于试，才会有机会。这样的试就是做，就是行动。

法国作家杜伽尔在《蒂博一家》里写道：“不要怯懦地妥协，要以勇敢的行动，克服生命中的各种障碍。”

我们要以积极乐观的心态去面对人生历程中的各种挑战。不能只因为事情的表面看起来似乎困难重重，就轻易地放弃了，这实在是对自己很不负责任的一种表现！如果你不想在你的人生旅途上留下遗憾，那就从现在开始，行动起来吧！

定律36：

决定了，就必须立即行动

林帆是个普通的年轻人，大约二十几岁，有太太和孩子，收入不多。

他们全家住在一间小公寓里，夫妇两人都渴望有一套自己的新房子。他们希望有较大的活动空间、比较干净的环境、小孩有可以玩耍的地方，同时也能为自己增添一份产业。

想买房子的确是很难办到的，因为必须有钱支付首付才行。

有一天，当林帆签发下个月的房租支票时，突然很不耐烦，因为他意识到房租跟房子每月的分期付款差不多。

林帆对太太说："下个礼拜我们就去买一套新房子，你看怎样？"

"你怎么突然想到这个？"她问，"开玩笑！我们哪有这份能力！我们可能连首付都付不起！"但是林帆已经下定了要买房的决心。

他十分坚定地说："跟我们一样想买一套新房的夫妇大约有几十万，其中只有一半能如愿以偿，一定是什么事情才使有些人打消了这个念头。我们一定要想办法买一套房子。虽然我现在还不知道怎么凑钱，可是一定要想办法。"

下个礼拜他们真的找到了一套俩人都喜欢的房子，房子简单、实用，首付是1200美元。现在的问题是如何凑够这1200美元。

他知道从银行是不可能借到这笔钱的，因为这样会牵扯到他的信用水准，目前他还无法获得这种关于销售款项的抵押借款。

可是皇天不负有心人，林帆脑中突然闪现出一个灵感，为什么不直接找房屋承包商谈谈，进行私人贷款呢？

林帆真的这么做了。

承包商起先很冷淡，但由于林帆一再要求，承包商终于同意了。

承包商同意给林帆借款1200美元，几个月后，林帆可以按月还钱，每月还100美元，利息另计。

现在林帆要做的是，每个月凑出100美元。

夫妇俩想尽办法，一个月可以省下25美元，还有75美元要另外设法筹措。为此，林帆想到了自己的老板。

第二天早上，他直接去找老板，向他说起了他准备买房子的事。

老板很高兴林帆要买房子了。随后，林帆说："尊敬的先生，你看，为了买房子，我每个月要多赚75元才行。我知道，当你认为我值得加薪时一定会加，可是我现在很想多赚一点钱。公司的某些事情可能在周末做更好，你能不能答应我在周末加班呢？"

老板对于他的诚恳和雄心非常感动，真的找出许多事情让他在周末加班工作10小时。

林帆夫妇终于欢欢喜喜地搬进了新房子。

从林帆的故事中，我们不难看出：

第一，正是林帆的决心使他想出了各种办法来实现了他的心愿。

第二，正因为他有了坚强的决心，他的信心便由此大增，下一次决定什么大事时会更容易、更顺手。

第三，他因此而提高了全家的生活水准。如果他一直拖延下去，直到所有的条件都具备再作打算，他就很可能永远也买不起房子了。

因此，一个人要想成功就要随时随地准备行动，千万不要有任何拖延。为了避免"万事俱备以后才行动"所引起的重大损失，年轻人在决定做一件事情时，要一定要知道以下几点。

1. 尽可能预料生活和工作中的种种困难。

每一个冒险都会带来许多风险、困难与变化。倘若你从芝加哥开车到旧金山，一定要等到"没有交通堵塞、汽车性能没有任何问题、没有恶劣天气、没有喝醉酒的司机、没有任何类似意外"之后才出发，那么你什么时候才可能出发呢？

毫无疑问，你永远也到不了旧金山。当你计划到旧金山时，你不妨先在地图上选好行车路线，检查一下车况并尽量考虑排除各种意外的办法。这些都是出发前需要准备的事，但是即使这样，你仍无法完全消除所有的

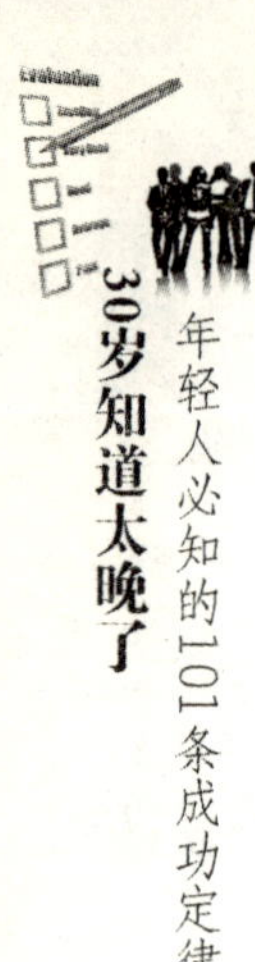

意外。

2. 勇敢地面对各种困难。

成功的人物并不是行动前就解决了所有的问题,而是遭遇困难时能够想办法克服。

不管从事各个行业的工作,还是解决婚姻问题或任何活动,一遇到麻烦就要想办法处理,正像碰到沟壑时就要跨过去那样自然。

因此,年轻人要记住:"我们无论如何也买不到万无一失的保险;所以必须要下定决心去实行我们的计划。"

3. 切实执行你的创意。

切实执行自己的创意,以便发挥它的价值,不管创意有多好,除非真正身体力行,否则永远没有收获。

一个好创意如果胎死腹中,真的会叫人叹息不已,永远不能释怀。如果真的彻底施行,才会带来无限的满足。

你现在已经想到一个好创意了吗?如果有,就立即行动起来吧!

有才华，更要有务实的精神

有句话说，这世界上到处是有才华的穷人。想想也的确是这样，有才华的人未必能成功。一些成功的人看似一夜成名，实际上是以他们投入的无数心血作为基础的。不要指望一蹴而就的成功，更不要幻想成功。如果你的成功目标已经确立，就把目光放在眼前，让脚踏在坚实的地上，一步一个脚印地向前！

通常"才华横溢"是对一个人的最高褒奖。但是，如今越来越多的有才华的人却被束之高阁，甚至终生郁郁不得志，为什么呢？因为有才华的人往往容易恃才傲物，自恃有才，而疏忽勤奋和努力。

看到过一篇文章，标题是《天下到处是有才华的穷人》，为什么有才华的人，会成为穷人呢？为什么世界上到处都是有才华的穷人？

仔细一想，有才华的人无疑是聪明的，他们大致可以分为以两类：

第一类是和李嘉诚、比尔·盖茨一个时代的人，他们认为自己之所以没有成功是因为运气不好。

提到比尔·盖茨或李嘉诚他们所拥有的几百亿资产，那些有才华的穷人认为大多是运气的赠物；柳传志、刘永行们创出来的那一个个财富公司，都是天上掉下来落到那些人头上的馅饼；而他们的困境，却是老天爷犯有分配不公错误的结果。

面对比尔·盖茨或李嘉诚的成功，这些有才华的穷人他们常常会这样的愤世嫉俗，更伴有冲冲的怒气。

第二类是仍在某些大公司有着一份光鲜的工作，但是他们工作已长达数年，却没能像其他同辈那样富有，不仅没有自己赚到多少钱，也没能为后代提供优越的生活与学习条件，而且，又还全然没有升职加薪的美好前景。

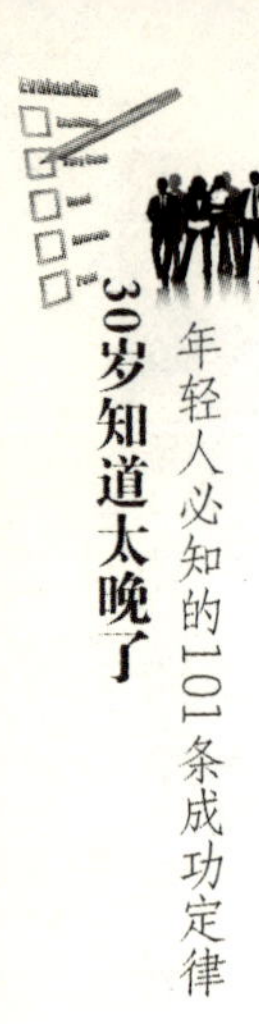

这类人常常是有着种种才华标志的聪明人，有着高等学府的文凭然而，工作多年，他们却始终没能成为企业老总那样的富人，也没有能成为有车有房、以公司白领的舒适生活特征为身份的中产阶级。

分析了这两类有才华的穷人，我们可以得出结论：他们之所以穷，是因为他们对任何工作对任何创造，都缺乏一种本不可少的敬业精神。

其实，今天仍然有很多相当有才华、有本领、有能力的聪明人，他们往往轻视了才华必须赖以立脚的敬业精神之平台，面对工作总是急功近利，结果失败了又总喜欢怨天尤人，甚至自暴自弃。

说有才华的穷人不够敬业，事实上就是怕吃苦，耐不得奋斗中的寂寞，不重视自己的工作。

才华固然不应成为坠入穷人队伍的理由，但一个没有敬业精神，甚至毫无敬业观念的人，哪怕他是天才，都只会也只配与贫穷为伴！

才华，使不少人也没能成为富人。但敬业之心，却让很多才华不多、智商不高的青年，或跨进了中产阶级的圈子，或腾飞而成为手握巨产的大老板或企业家。

其实，即便没有大机会，没有大运气，只需敬业，此生你就不会做一个穷人；只需敬业，你也能跃上企业大老板的富翁地位。

这就告诫年轻人，发现并相信自己的才华固然重要，但因此而认为成功就会主动到来，到头来往往会一事无成，白白辜负了才华。只有相信自己的才华，并在实际行动中充分运用，才华才会最大限度地发挥出来，成功的花儿才会向你绽开灿烂的微笑。

因此，只有在一个诚心敬业的平台上，人的才华才能够发挥它巨大的“先进生产力”作用，从而转化为事业的成功。

从现在开始，告诫一切自认为有才华的聪明人，如果你还在做穷人，就请你再聪明一次：捡回你丢失的敬业精神，因为这是你发家致富必备的精神支柱。

定律38：

每一件小事都值得全力以赴

不把小事看小，这是态度问题，能不能把小的事情做好，既是态度问题又是能力问题。成功无小事，因此每一件小事都值得全力以赴。

做小事不要紧，要紧的是做事的态度，不能抱有做小事而不值得付出的心态。

一个炎热的午后，有位穿着汗衫、满身汗味的老农夫，伸手推开汽车展示中心的玻璃门，他一进入，迎面立刻走来一位笑容可掬的柜台小姐，很客气地询问："老大爷，我能为您做什么吗？"

老农夫有点腼腆地说："不用不用，只是外面有点热，我刚好路过这儿，想进来吹吹冷气，马上就走了。"

小姐听完后亲切地说："您一定热坏了，我给您倒杯凉茶吧。"

接着便请老农夫坐在柔软豪华的沙发上休息。

喝完冰凉的茶，老农夫闲着没事，便走到展示中心内的新货车前，东瞧瞧，西望望。

这时，那位柜台小姐又走了过来："这款车很不错，要不要我帮您介绍一下？"

"不要！不要！"老农夫连忙说，"我可没钱买，种田的人也用不着这种车。"

"不买也没关系。以后有机会您还可以帮我们介绍啊！"然后便详细而耐心地将货车的性能逐一解说给老农夫听。

听完后，老农夫突然从口袋里拿出一张皱皱的白纸，交给这位柜台小姐，并说："这些是我要订的车型及数量，请你帮我处理一下。"

小姐有点诧异地接过来一看，这位老农夫一次要订八台货车，连忙紧张

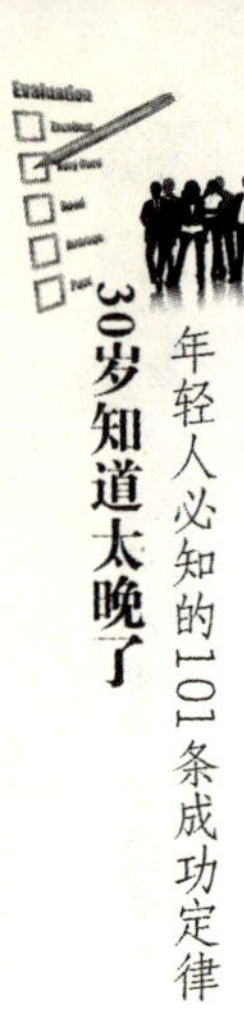

地说："您一下订这么多车，我们经理不在，我必须找他回来和您谈，同时也要安排您先试车……"

"小姐，你不用找经理了，我信任你。这几天我去了好几家公司，每当我穿着这样的旧汗衫进到汽车销售场，同时表明我没钱买车时，常常会受到冷落，而只有你们公司与众不同，我从你的工作态度上信任你们的公司。你不知道我是你的客户，还那么热心地接待我，为我服务，对于一个不是你们客户的人都如此，更何况成为你们客户的人呢？"

后来，这位小姐因对工作认真负责而顺利晋职。

很多重要的大事往往是由许多点点滴滴的小事组成的。这就好比一台电脑，都是由一些小小的零部件组成的，单个部件还看不出它的重要性，一旦零部件组装成一台机器，往往就发挥出它大的作用，缺少任何一个零部件都会使之无法正常使用的。

"一屋不扫何以扫天下"，小事不做，何成大事。做小事往往是走向成功的基石，在做小事的过程中，养成良好的习惯，勤奋、踏实、责任心等等，这些都是我们走向成功所要具备的品质。

小事不仅是成大事的人必须做好的每一篇作业，而且从中也体现出一个人对工作的态度和方法。所以，做好每一件小事，是每一个渴望成大事的年轻人都要抓紧学习的必修课。

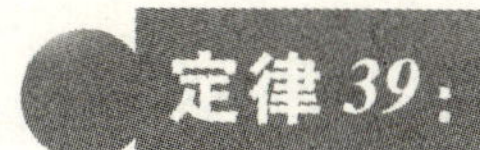

定律39：化整为零，分步实现

年轻人到了20几岁，如果还在幻想自己能一步登天，常梦想一举成名，那就太幼稚了！

为什么成功不能一蹴而就呢？

一是由于你的能力并不够，二是由于成功必须经过长久磨炼。因此，真正的成功人物他们从设定目标开始，大都善于化整为零，分步实现，从而最终走向成功。

为什么要化整为零分步实现呢？有人说，我将来长大要做一个伟大的人物，这个目标太不具体了。目标必须具体，比如你想把英文学好，那么你就制订一个目标。每天一定要背20个单词、一篇文章，要求自己在一年之内能看懂英文书报。由于你制订的目标很具体，并能按部就班地去做，目标就很容易达到。

有人曾经做过这样一个试验，他把人分成两组，让他们去跳高。两组人身高都差不多，先是一起跳了7尺。然后，把他们分成两组，对其中一组说："你们能跳过7尺5寸。"而对另一组只说："你们能跳得更高。"然后，让他们分别去跳。结果，第一组由于有7尺5寸这样的一个具体且实际的要求，他们每个人都跳得很高，而第二组因为没有具体的目标，只跳过6尺多一点。为什么呢？就是因为第一组有一个具体且实际的目标。

有的人看上去好像是一举成功的，但如果你仔细研究他们的经历，你会发现他们以前就已经奠定了牢固的基础。那些像泡沫式成功的人，永远是靠不住的。他们没有任何牢固的基础，最终会轻易地失去一切。

李斐是一位拥有出色业绩的推销员，他一直希望能跻身于销售最高业绩者的行列中。一开始，这只不过是他的一个愿望，从没有真正去争取过。

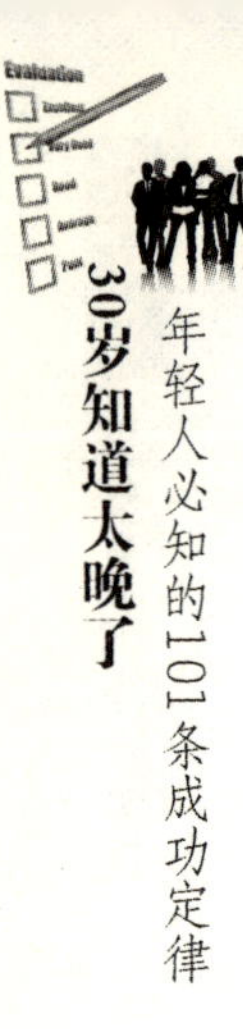

直到3年后的一天，他想起了一句话："如果让愿望更加明确，就会有实现的一天。"

于是，他当晚就开始设定自己希望的总业绩，然后再逐渐增加，这里提高5%，那里提高10%，结果顾客增加了20%，甚至更高。这极大地激发了李斐的热情。从此，他不论碰到什么状况，任何交易，都会设定一个明确的数字作为目标，并在一两个月内完成。

"我觉得，目标越明确，达成目标就越有强烈的自信与决心。"李斐说，他的计划里包括"我想得到的地位、我想得到的收入、我想具有的能力"。然后，他把所有的客户资料都准备得充分完善，相关的业界知识加上多方面的努力积累，终于使自己的业绩创造了空前的纪录，以后的几年效果更佳。

由此，李斐得出一个结论："以前，我不是不曾考虑过要扩展业绩、提升自己的工作成就。但是，因为我从来只是想想而已，不曾付诸行动，当然所有的愿望都落空了。自从我明确设立了目标，以及为了切实实现目标而设定具体的数字和期限后，我才真正感觉到，强大的推动力正在鞭策我去达成它。"

在日常生活和工作中，我们都会有自己的目标，达到目标的关键在于把目标进一步细化、具体化。

一座建筑是由一砖一瓦砌成的，每块砖每块瓦本身显得并不重要。同样的道理，成功者的一生是由无数个看上去微不足道的小方面构成的。

请时刻牢记这样一个问题：这样做，有助于我实现自己的目标吗？用它去评价你做的每一件事，如果回答是不，即回头；反之，则要继续向前。

定律40：

再短的路，不迈开双脚也无法到达

在一个破旧的寺庙里，瘸子、瞎子、乞丐聚在一起，他们已经饿了好几天了。他们就这样傻傻呆在这个破庙里，幻想怎样才能拥有一个大饼，怎样才能吃到自己想要的东西，但是他们并没有人采取实际的行动。只是在这个破房子里等着天上掉下来的饼能砸到自己。

上天还真是对他们特别恩赐。他们的运气极佳，有一个好心人来到了破庙，看到他们这个样子，很可怜他们，临走的时候，给了他们一张很大的饼。他们感动得不得了。在谢过这个好心人之后，他们就考虑分这个大饼的事情了。但他们实在都饿极了，一张饼根本解决不了他们的饥饿问题，于是瘸子想出了一个办法，因为他在这几个人中年龄最大，决定在这几个人中比比谁最大，谁最大谁就吃这个大饼，而别人只有看着的份。

瘸子说：我单腿就能走天下，今年55岁。

瞎子说：我目空一切，我60岁。为了得到这个大饼瞎子开始说谎了。

可是就在他们彼此吹牛的时候，乞丐抓起饼就吃，边吃边说：我吃了再说！最终这几个人只能眼睁睁地看着乞丐把大饼都吃了。

故事告诉我们：不要总是空谈自己的理想，志比天高，却只是一纸空谈！而没有任何的实际行动，这样的你真的不知到何年何月才能成功，也许你只能遗憾终生了！

与其空谈，不如实干。在人的一生中，充满着各种理想、愿望和计划。如果二十来岁的你能够在抓住机遇的时候，马上付诸行动，你30岁前很可能已经功成名就了。只可惜我们的许多计划都沦为空谈，许多理想都化为泡影。机会就这样无声无息地在身边默默溜走……

再短的路，不迈开双脚也无法到达。人要想成功，就要重视实际行动，而不是你的一句空谈。

任何事情，虽然经过你的周详计划，但是若没有实际行动，只能是纸上谈兵，终究也是一场空：而学生若想获得好成绩，就必须花费时间去准备功课，用心吸收、体会书中之意，才能真正学到书中的知识。倘若没有实践，任何事情都不会有梦圆的时候。行动胜于空谈，千万不要停在原地蹉跎岁月。

长大的80后，现在已经投入到实际的工作和生活中。渴望成为社会主流的年轻人，在这个时候一定要告诉自己：不要总是畅想美好的未来，幻想创造财富神话或者奇迹，请开始踏踏实实地行动起来吧！你只有停止了空想和空谈，用行动证明自己的能力，才能证明自己可以主宰命运，主宰这个世界。

速度第一，完美第二。停止空谈，有志于成功的年轻人赶快行动吧，只有这样你才能实现梦想！

定律41：

你还没成功，是因为你没有遇到贵人

很多年轻人才华横溢、努力拼搏，却成绩平平，苦恼之余不仅慨叹：为什么自己还没有成功？为什么自己的运气这么不好？答案就是因为他们没有贵人相助。

有朋友帮助是事业成功一个很重要的原因，只有人际关系丰富的人才能取得丰富的财富资源。一个人的力量毕竟是有限的，如果他能获得周围朋友的帮助，那么他的成功就会变得非常容易。因此，我们应该牢记，在这大鱼吃小鱼的竞争激烈的社会，要想赢得财运，就应该从现在开始积累人脉，因为只有丰厚的人脉才会最终带来丰富的财运。

那么，如何遇到贵人呢？虽然贵人身上并没有贴标签，我们不能将其一眼认出，但我们可以通过自己的努力，让贵人找上自己。那么，什么样的年轻人才能有更多机会遇到贵人呢？

身为年轻人，首先要有一种遇见贵人的渴望，若你是一个愿意去相信别人的人，贵人有可能真的会从天上掉下来。

身为年轻人还要有学习的热忱，先不要判断贵人会对你有什么帮助，而要问自己愿不愿意虚心学习贵人身上所具备的众多才能。虚心的人更容易得到贵人青睐，是因为这些人把自己想象成什么都不懂，承认且懂得欣赏他人的优点，以谦卑的心向人请教，结果贵人自然会靠近。

身为年轻人还要具有创新能力，勇于接受挑战的人更会吸引贵人的注意，换言之："如果自己都不想超越自己，怎么能期待别人来帮助你？"

有句话说："七分努力，三分机运。"我们一直相信"爱拼才会赢"，但偏偏有些人是拼了也不见得赢，这是因为他们缺少贵人相助。在攀向事业高峰的过程中，贵人相助往往是不可缺少的一环，有了贵人，不仅能替你加分，还

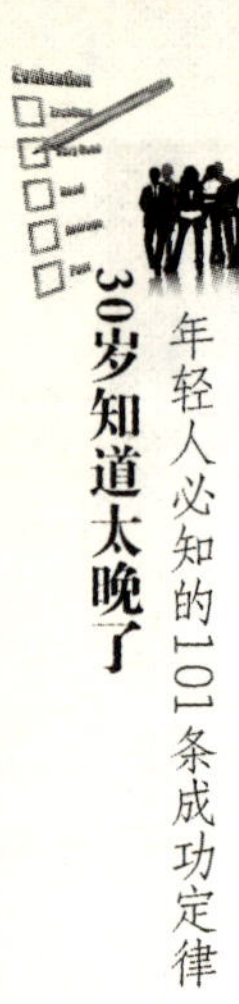

能加大你成功的筹码。

但是，在寻找贵人的过程中，年轻人一定要有点“心眼”。

1. 选一个你真正景仰的人，而不是你嫉妒的人，否则还是另搭顺风车的好。

2. 摸清贵人提拔你的动机。有些人专门喜欢找人为他做牛做马，万一出了事，你不仅捞不着好处，还可能成为替罪羔羊。

3. 不要自恃贵人撑腰而招惹祸根。无论是职场还是生意场上，能够得到贵人的扶持时，切忌张扬，以免遭人记恨。

4. 不要舍近求远。离你最近的人了解你是最多的，他更能知道你“好用”还是“不好用”，所以，他的推荐往往成功率较大。

5. 要知恩图报，饮水思源。有些人在受人提拔、功成名就之后，往往就想遮掩过去的踪迹，口口声声说“一切都是靠我自己”，一脚踢开照顾过他的人。如果你不想被别人指着鼻子大骂忘恩负义，可千万别做这种傻事。

年轻人要善于积累成大事的资本，而贵人就是最大的资本。有心的年轻人平时就注意努力创造、开发潜在的贵人，当自己遇到困难时，才能得到帮助，而不致孤立无援。

定律42：努力+实力+社会关系=成功

相信很多年轻人都想知道，具备怎样的条件才能获得成功，也就是说，成功由哪些因素构成？

通过研究无数成功人士的成功经验，我们发现“成功=努力+实力+社会关系”，这是成功人士的一条重要法则。

由此可见，社会关系对一个人成功的重要作用。那么年轻人在通往成功道路上，如果构建自己好的社会关系呢？只要依照以下四句话来建构自己的社会关系，年轻人就能取得财富，就能取得成功。

第一句话：我错了。

有错就改是一个再简单不过的道理，然而多数人却不肯这么做。这可能和人的本性有关，人们似乎总在努力捍卫自己的观点和行为，不经意间把“我的”等同于“对的”、“正确的”。事实上，我们每个人都不完美，每个人都会犯错误，犯了错误，除了坦白承认错误以外，没有更好的办法。

在我们的工作生活中，诚实认错有如下好处：

为自己塑造了勇于担当责任的形象，主管与同事都会欣赏你、接受你。因为你把责任扛了下来，不会诿过于他们，他们感到放心，自然尊敬你，也乐于跟你合作，更乐于向你学习。

第二句话：你的工作做得很好。

威廉·詹姆斯说：“人类本质最殷切的需求是渴望被肯定。”肯定和恭维能让人心情愉快，也有助于说服别人，在可能的情况下，甚至能激发对方无尽的潜力，改变人的一生。学会赞赏别人，受益的也是自己，因为你会赢得

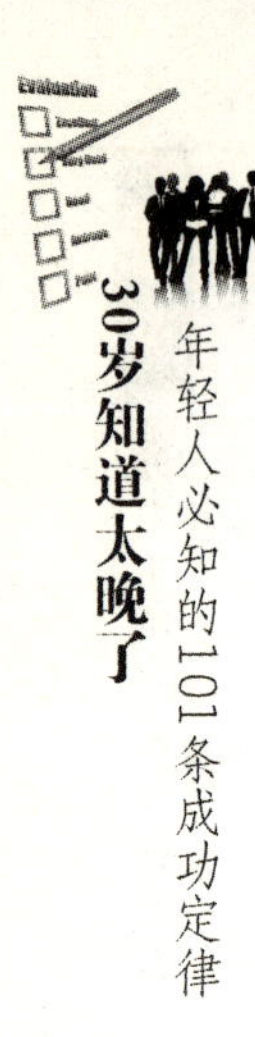

许多朋友,你会成为一个越来越宽容的人、开朗的人,你的个性也会日臻完善。

第三句话:你的意见是什么。

知道怎样听别人的话,以及怎样让他人开启心扉谈话,是我们制胜的唯一法宝。

每个人都有谈论自己的欲望,都希望讲述自己的想法、经历、理想,甚至委屈、悲伤,得到他人的理解和尊重。倾听本身是褒奖对方的一种方式。耐心倾听,等于告诉说话的人“你是一个值得我倾听的人”,在提高对方自尊心的同时加深了他对你的好感和信任,有利于社会交往。

第四句话:我们。

成功者奉行的是“我们”而不是“我”的哲学。“我们”体现的是一种社会关系,一种互利合作精神。一个人不可能独立地生活在社会中,人与人之间的合作是社会生存和发展的动力。

“我们”表示自己已行动起来,也提醒对方为了自身的利益而协助他人或要求援助。另外,说“我们”会让对方感到你和他已连在一起,而你确实已经站在对方的角度考虑问题了,这样有助于我们把事情做好。

当代的年轻人,只有学好并会运用以上 4 句话,才能在提高社会交流技巧的过程中积累实力,从而逐渐向优秀和成功靠近。

定律43：

成功来自于15%的专业知识和85%的人脉关系

这是一个需要人脉的年代，谁都不可能成为鲁滨孙那样的孤胆英雄，不管你是商界的领军人物，还是普通的职员，都不能逃脱人脉的影响力。

人是群居动物，人的兴衰成败只能来自于他所处的人群及所在的社会，只有在这个社会中游刃有余，才可为事业的成功开拓宽广的道路。如果没有一定的交际能力，就免不了处处碰壁。那些认为"万事靠自己"、"一切单打独斗"的人如果不是真的有三头六臂，就是十足的笨人。

成功学大师卡耐基说过，专业知识在一个人成功中的作用只占15%，而其余的85%则取决于人际关系。

在美国，曾有人做过这样一个问卷调查："请查阅贵公司最近解雇的3名员工的资料，然后回答解雇的理由是什么？"结果是，无论什么地区，无论什么行业，60%以上的雇主都回答："他们是因为不会与别人相处而被解雇的。"

可见，交际对于每个人来说都很重要。

丹尼尔曾是全州唯一的黑人眼科医生，在该州是相当有名望的人物。

这位具有相当吸引力的年轻人是如何建立自己的声望的呢？

他知道声望是无法借报纸、广播来提高的，于是，他便选择了为公众服务的方式。果然，这种方法使他深得人心，也使他的事业走上了康庄大道。

丹尼尔的事业从他21岁时开始。他的第一份工作就是整理出所有曾经交往过的朋友名单，同时加入该城的黑人团体。不久，他便当上黑人协会领袖，并且连任两届。

他一度在黑人学校及业余剧团中十分活跃，还经常参加体育、宗教及其他各类联欢会。他抽空把到国外旅游时的所见所闻制作成幻灯片展示给大家看，这个举动使他与大家的心更贴近了。

他的生活忙碌而多彩，但他仍然能抽出时间扩大自己的交际范围。那么，他对于参与社交活动的看法又如何呢？他的说法是："能多参与社会性工作，被人们信赖的机会就较高，就随时有可能把自己推销出去。"

就是这样，丹尼尔在极短的时间内得到了大众的尊敬与信赖，此后，他的生活更为丰富，工作也更加顺手。他极高的声望可以说是其不断扩大交际范围的结果。

每个年轻人精力和体力都会随着年龄的增长而下降，知识也会落伍，唯一增长的就是人脉。所以，一个人要想成功，单有专业知识及技能是远远不够的，还需要超强的人脉。

举个例子来说，即使你拥有很扎实的专业知识，而且是个彬彬有礼的君子，还具有雄辩的口才，你却不一定能够成功地促成一次商谈。这个时候，如果有一位关键人物协助你，为你开开金口，相信你的出击一定会完美无缺且百发百中，这就是人际关系的力量！

人际交往为人们提供了这样的可能，既让你结识他人，也让他人认识你，当彼此的品行、才干、信息得以相互了解的时候，这种交往就可能结出两个甜美的果实：密切彼此的友谊并获得发展的机遇。社会活动就是机遇的催产术，善于开发人脉资源，捕捉机遇，成功离我们就更近了！

定律44:

人脉即财脉:搞好人脉是成功的第一法宝

曾任美国总统的西奥多·罗斯福曾说:“成功的第一要素是懂得如何搞好人际关系。”

很多成功的商界人士都深深意识到了人脉资源对自己事业成功的重要性。曾任美国某大铁路公司总裁的A·H·史密斯说:“铁路的95%是人,5%是铁。”

年轻人要想成功,就一定要营造一个适于成功的人际关系,包括家庭关系和工作关系。一个没有良好的人际关系的人,即使再有知识,再有技能,那也得不到施展的空间。那么,年轻人如何搞好人际关系呢?

1. 诚信是人际关系的基础

我们每个人都需要有良好的人际关系,那么怎样才能建立良好的人际关系?良好的人际关系应该建立在什么样的基础上?

长久成功的人际关系应该建立在诚信的基础上。诚信既是人际交往的基本原则,也是人际交往的根本。值得信赖是赢得普遍尊重和信任的通行证。维系人与人之间的情谊,重要的不是技巧而是诚信。

维系人际关系,重要的不是技巧而是诚信。全国人大代表、福建金鹿集团董事长张华安指出:“信用和信誉在市场经济中具有真金白银实实在在的经济价值。”“诚信是一个企业的生存之根,根基不牢,树倒房摇。”“失去了诚信,不是几年就能补偿回来的,也许一辈子都没办法再翻本!”正是因为坚持诚信原则,所以他的企业能够20年不倒,而且能蓬勃发展,而同一时期的许多其他企业则早已不见了踪影。

诚信是交往的基础,是做人的根本。现在很多人都把交往的关注点集

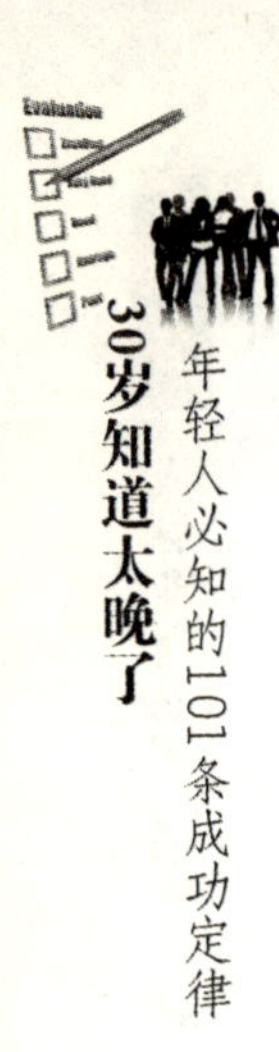

中在交往的技巧方面。其实这是舍本逐末,缘木求鱼,难以达到搞好人际关系的效果。诚信不足,虽技巧高超,终究不过是得一时之逞,难以保持长久的友谊。而以诚信为本,虽交往技巧不足,也可以交到真心朋友。

对人要诚信。如果你到了30岁仍未能建立起坚如磐石的忠诚信誉,这一缺点将会困扰你一生。不忠诚的恶名必然会使你在事业上到处不受欢迎。你不能靠暗箭伤人爬到事业的顶峰,而要靠在早期树立起来的真诚刚直和不可动摇的声誉。25岁前,忠诚只是投资;30岁以后,你会作为一个可以信赖的人收到忠诚的回报。

2. 要掌握一些人际交往技巧

人际交往中,最主要的一个要素就是认真了解别人。没有什么能比得上关心别人更让人感动的了,而关心别人的前提,是先要了解别人。这是一种交往的需要,但在这样做的时候,也会发展出一种能力。据说,周恩来总理接见过一个人后,不管过多长时间,再次见面都能叫出对方的名字,使对方既惊讶,又佩服,又感动。

历史上最好的例子是拿破仑·波拿巴与下属的关系。拿破仑能叫出手下全部军官的名字。他喜欢在军营中走动,遇见某个军官时,就叫出他的名字跟他打招呼,谈论这名军官参与过的某场战斗或军事调动。他经常询问士兵的家乡、妻子和家庭情况。拿破仑的做法让属下感到吃惊:他们的皇帝竟然对他们的情况知道得一清二楚。这种做法,让每个军官都能从拿破仑的谈话中感到他对自己十分在意,也使他们对拿破仑忠心耿耿,甘愿效劳。

定律45：

成功不在于你知道什么，而在于你认识谁

好莱坞流行一句话："一个人能否成功，不在于你知道什么，而在于你认识谁。"不要对这句话产生质疑，对于在社会上拼搏的年轻人来说，实力、学历都比不上"人力"来得管用，要想在同样的竞争条件下比别人运气好，就一定要在"认识谁"上大做文章。

在柏拉图20岁那年，因为他去听过苏格拉底的演说，因而下定决心要拜苏格拉底为师。他敲开苏格拉底的门说："尊敬的苏格拉底先生，我是柏拉图，我想当您的学生。"苏格拉底问柏拉图："年轻人，你为什么要拜我为师呢？"

"我听了您的演说，觉得您不仅是一位伟大的哲学家，更是在我看来最成功的人，我希望通过跟您的学习，让我不再一无所知，有朝一日，能成为和您一样成功的哲学家。"

听了柏拉图的话，苏格拉底觉得他是可造之才，于是便收他为徒了。

据说，柏拉图在苏格拉底的身边学习了整整8年，他深受苏格拉底的影响，也成为了古希腊的一位哲学巨人。

由此可见，一个年轻人，认识的人越重要，对自己的生活、事业就越有帮助。年轻人一定要懂得人脉的重要性，在与人交往的过程中越主动积极，其人际关系也就越融洽，越能适应社会，其工作业绩也会越大。

俗话说："一个篱笆三个桩，一个好汉三个帮。"《水浒传》中的宋江，原本只是山东郓城县的一个小吏，然而，这样一个小人物，日后却摇身成为威震四方的英雄，名震一时，靠的是什么？是武松、林冲、李逵等众多朋友，如果没有他们，宋江能摆脱小人物的命运吗？

红顶商人胡雪岩曾说过："一个人的力量到底是有限的，就算有三头六

臂，又办得了多少事？要成大事，全靠和衷共济，说起来我一无所有，有的只是朋友。”一个能成大事的人，关键不在于他自身的能力有多强、多有才华，而在于他善于借助别人力量的能力有多强。

“成功不在于你知道什么，而在于你认识谁”，这个观点乍听起来是有点不可思议，但是仔细琢磨，其实是非常有道理的。很多人都认为，成功靠自己，事实上，靠一个人的力量能做多少事情呢？要知道，真正为成功而不懈努力的年轻人，还要在人际关系上下大力气。

有位阿拉伯人名叫艾布杜，本来穷困潦倒，身无分文，但一个小点子让他的命运发生了根本上的转变。在他的签名簿里贴有许多世界名人的照片，他还模仿名人的笔迹，将他们的名字签写在照片底下。艾布杜便带着这几本签名簿拜访工商巨子和名声好的富翁。

“我是因仰慕您而千里迢迢从阿拉伯前来拜访您的，请您贴一张玉照在这本世界名人录上，再请您签上大名，我们会加上简介，等它出版后，我会立即寄赠一册……”

由于这些人有的是钱，又喜欢摆阔，一想到能跟世界名人排名在一起，便感到无限风光，这样一来，他们就毫不吝惜地付给艾布杜一笔为数可观的金钱。

每本签名簿的出版成本不过是一两美元。而富人所给的报酬，却往往超过上千美金。艾布杜整整花了6年的时间，周游了多个国家，提供给他照片与签名的共有2万多人。给他的酬劳最多的有2万美元，最少的也有50美元，总计收入大约500万美元。

认识什么人对你未来发展的重要性，怎样强调都不过分。假如我们把人际关系比做大脑的神经网络，那么其中的每个人就是一个神经元：突起的越多，与周边的联系就越多，也就比别人更加灵敏，从而更加易于走向成功。

世界潜能大师陈安之的《超级成功学》著作中写道：成功靠别人而不是靠自己。没错，年轻人想成功，依靠的不光是自己博学，还要看他“认识谁”。

因此，告诫年轻人，要记住这两句话“想成功，就和成功的人在一起”、“再穷也要站到富人堆里”，不要觉得这话说得太庸俗，事实证明把有能力的人作为自己的榜样并不可耻。朋友与书一样，好的朋友不仅是良伴，也是我们的老师。

我们可以从比我们差的朋友那里产生优越感，但只有与比自己优秀的人一起行动，才能对比出自己的不足，才是你成就事业最好的参照物，才会使你不断地力争上游。而且，我们也必须获得优秀的朋友给我们的经验和忠告，并受到他们成功的刺激，以帮助自己取得成功。

和失败的人在一起会让你更失败，和成功的人在一起会让你更成功。一定要谨慎地选择朋友，因为他们的思想、人格，都会对你造成影响。只有成功的人，才是能给你的命运带来积极影响的人。

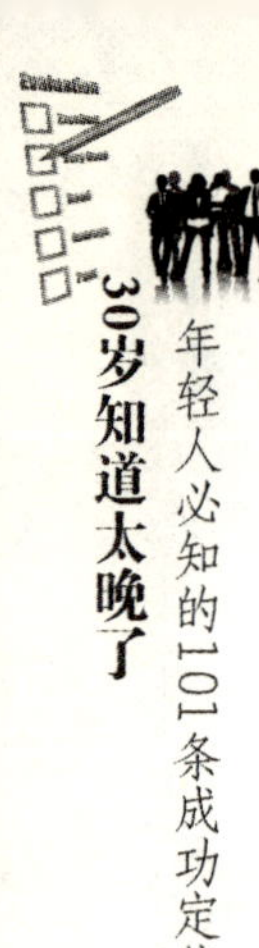

定律46：

通过施恩，建立良好的人际关系

无数的经验告诉人们，给予比索取更容易让人接受。这告诉人们，你给予出去的任何东西，也许终将成倍地回报到你身上。例如：你向他人给予金钱财物，也许你将会成倍地获得金钱或物质的回报；你向他人给予欢喜心，让他人内心愉悦，也许你将会成倍地得到他人回报给你的欢喜；你给予和谐安定，让他人心安舒畅，也许你将会成倍地得到安乐。相反，如果你施加于别人的是不安、怒气、憎恨、忧愁，你将成倍地得到这些报应。

给予会有回报吗?

从理论上讲，给予与回报之间不只是经济上的量的关系，还有着更广阔的社会、道德、精神领域的回馈。

这里，我们来看一位成功者用亲身经历描述的关于给予的感受。

大约是在1992年，作为致谢礼物，谭凯送给我的客户一大盒子金帝巧克力。这次赠送之后，经他们介绍来的新客户，要比其他人多得多。

谭凯做了粗略统计，接受过谭凯的巧克力的客户，比没有接受过谭凯的美味礼物的客户，介绍过来的新客户要多出40%以上。

实际上，在谭凯的“巧克力行动”之前，谭凯的大部分客户压根不会给谭凯介绍任何新客户——谭凯不得不说，这种情况在当时是很正常的事情。

自那一次赠送之后谭凯又接到一大群经介绍而来的新客户。于是，谭凯决定将我的“给予”行动进一步深化。

说实在话，在刚开始“赠送”时，纯粹是出于利己的目的。但是，谭凯彻底被再次“给予”所获得直接的效果震撼了。

从那时起，谭凯开始认识到，在这一切的背后，给予产生了一种神秘而强大的力量，而这正是需要谭凯进一步学习和了解的地方。

谭凯第一次真实地认识到，生命的伟大构架中，谭凯获得的奖赏，与谭凯为他人创造的价值直接成比例。

谭凯曾听说过，自己富裕的秘密，就在于为他人创造巨大的财富。根据谭凯最新的经验，谭凯惊异地发现，给予才是真正加速财富之流的黄金水道。

给予时，努力保持心灵的平衡，这样做才是真正尊重所施出的礼物的内在价值。这些礼物是我们自身世界观的反映，是我们生活体验、精神体验的外在体现。

作为给予者，你施出的每一件礼物，对受施者来说，有着特定的意义和价值，实际上它们是你自己的一部分，你的影响力远远超出施与物本身。你给予的礼物，代表着你的精神力量。当它们被给予出去之时，就成为了你和受施者之间强力关系的纽带。向他人赠与价值的行为，给接受者施加一种正向的影响力——超越了自然力——只要这位受施者能够理解并尊重礼物的价值。

美国著名的哲学家攻拿尔曾说："如果有人向我们奉献了他自己所拥有的一切，则最终我们将为他所拥有。"20世纪德国哲学家沃特说："赠品能至深地影响受者"，"慷慨不仅仅在于给予，更在于在恰当的时候给予"。

应该认识到，有附带条件的礼物不是礼物，是贿赂。无条件的给予是超值回报的前提。给予出去的礼物周游得越远，经历和受益的众生也越多，给予者因此获得的附加值也越多。

当你拿一粒瓜果的种子种在土地里，这叫因；下种之后，你要浇水、日晒、施肥，方会结果。有因有缘，才会有结果。如果不去浇水、日晒、施肥，是结不了果的。种下瓜种后，你应该按照该作物的培育方法，越精心照料，你收获的果实质量越好、产量越高。当然下种的种子越多，你的劳动量也越大，收获也越多。

因此，我们可以让恶的种子停止发芽结果，并广种善种，广结善缘，促进善的种子健康快速地生根发芽，早日结成满意的善果。

定律47：

不要轻易给自己树敌

一个人树敌越多，那他的事业就越难以发展，他的人际交往也就越失败。

中国人在识人、与人交往方面向来有独到的眼光。古人所谓的“君子之交，不出恶声”，讲的就是多交朋友少树敌的道理，它的意思广泛的理解就是说，为人处世，与人交往时，需诚意待人，纵然交恶断绝往来，也不可口出恶言，说对方的不是。

深入地讲，“君子之交，不出恶声”这句话还包含更深刻的道理：

首先，如果说了绝交者的坏话，就等于承认自己没有识人之明，双方既然已经绝交，那么做不成朋友也可当作点头之交，又何必反目成仇呢？如果因此而树敌，不仅会使你在生活中减少快乐，即使是正常的工作，也会遇到种种人为的障碍。所以，要避免树敌，年轻人首先要养成这样一个习惯，那就是不要轻易去指责别人。指责无论是错是对，对别人的自尊心都是一种伤害，绝大部分时候，它只能促使对方为了维护他的荣誉，为自己辩解，即使对方在口头上隐忍下来，但心里多半也会记下这一箭之仇，日后必会寻机给你以报复。

其次，对于他人明显的谬误，如果不是必要的话，最好不要直接纠正，否则，在别人看来，你就是故意要显得比他高明，因而又伤了别人的自尊心。

在生活中一定要记住，如果是不涉及原则问题，不会给自己造成多大影响的事情，那就不妨多给对方以取胜的机会，这样不仅可以避免树敌，而且也许可使对方的某种“报复”得到满足，可以“以爱消恨”。假如由于你的过失而伤害了别人，你就得及时向对方道歉。这样的举动可以化敌为友，彻底消除对方的敌意。说不定你们会因此相处得更好。“不打不相识”这一民谚包含着深刻哲理，既然得罪了别人，当时你自己一定得到某种“发泄”，与其等待别人的报复，不知何时飞出一支暗箭，远不如主动上前致意，以便尽释前嫌。

为了避免树敌，还有一点应注意，就是与人争吵时不要非占上风不可。实际上，争吵中没有胜利者。即使口头胜利，但与此同时，你又树立了一个对你心怀怨恨的敌人。争吵总有一定原因，总为一定的目的。如果你想使问题得到解决，就决不要采取争吵的方式。

不可否认，人都有好胜心，与人争吵的事情常常会发生，有时撕破脸皮也不是什么稀罕事，但是仔细想想，我们真的有必要与人争论时一定得争个输赢吗？要知道图一时口舌之快，将人驳得体无完肤并不算真正的聪明。

因此，30岁之前的年轻人，无论在职场、官场还是商场，一个人如果把与自己一起共事的人作为竞争的死对头来看待，结果是非常坏的。

这样做，通常有两个坏处。一方面，你的心随时是紧绷绷的，忧虑将长伴你左右。也许你会想：“他是我的敌人，我要成功，就一定要打败他，让他向我认输。”如果你带着这种心态进行竞争的话，可能会不择手段，运用险恶手段攻击对手，那样即使赢得胜利，也可能祸及双方的人际关系，伤了大家的和气，对人对己都没有好处。而且以战胜他人作为自己追求的目标是对自己的不负责。因为你始终是为自己而不是为别人活的。

另一方面，假如对方是很强的竞争者，你一直无法超越他、战胜他的话，那么你可能感到非常沮丧和失望，甚至会想出一些消极的方法来伤害对方。这样你的情绪发展会更为糟糕，因为，报复的代价是极其可怕的。

因此，年轻人要想获得成功，就要懂得：树敌是大忌。常言道：多个朋友多条路。与其树人为敌，不如化敌为友，这样，我们的路才会越走越宽，越走越顺。

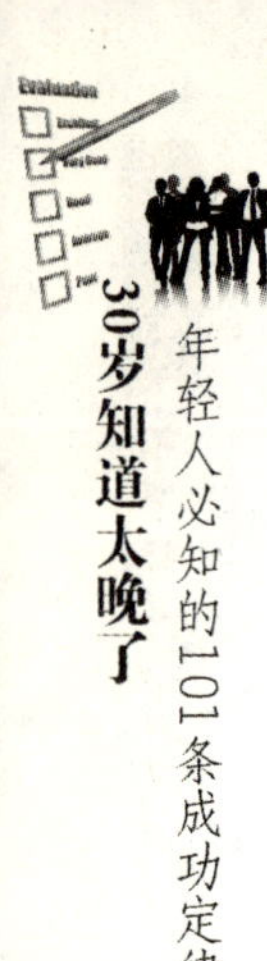

定律48：

建立好人脉的原则

建立好人脉是年轻人的头等大事。没有好的人脉就说明一个人做人差;做人差,在关键时刻自然没有人帮。那些成大事的伟人、巨人之所以能成功,与他们建立好人脉的能力是分不开的。每当危险来临,总会有人出来扶他一把,最终帮助他们走向辉煌。

建立好人脉是一门学问,不是一两天就能学会的。想把人脉搞好,必须下一番工夫。有位成功大师认为,年轻人可以从以下几个方面建立好人脉:

1. 诚实是基础。

诚实是成功交往的基础。所谓诚实,字面含义就是真心真意。真、善、美是人们追求的三大理想境界,诚实是这一理想境界的要素之一。诚实如果成为某个人的稳定态度和习惯性的行为方式,就构成他的性格,这种性格是可贵的。

有人说:"腹心相照,谓之知心。"知心朋友和牢固的友谊是必须通过真诚相处才能获得的。正如古人所说:"朋而不心,面朋也;友而不心,面友也。"在人际交往中,人们总是希望他人诚实但却常常忽视了自己的诚实。例如,有人在交友时总是首先会考虑他人对自己是否"有用"。有利可图,就虚情笼络;无利可图,则弃之不理。这种交往方式已经走进"死胡同",等待他的将是孤立。那么,怎样做到诚实呢?诚实就是要正直无私,就是要说老实话、办老实事、做老实人,就是要表里如一、胸怀坦荡。

2. 尊重他人。

人人都有自尊心。可有些人在交往中只强调尊重自己,却不尊重别人。

不尊重别人，别人就不会尊重你。你与他人就没法沟通、没法合作，因为你已经失去与他人沟通的基础。相反，你尊重别人，别人就会尊重你。古人说："人敬我一尺，我敬人一丈。"

画家尤金·威尔逊是位印花模板的制造商。他向一位设计家推荐他的作品，历时3年无结果，每次退回画稿都被告知："这图案我不欣赏。"后来，威尔逊带了几张没有完成的底稿去，说："不知道应该如何完成它，请你给我指点指点。"对方说："先将画放在这儿，两三天之后再来。"结果，威尔逊尊重设计家的意见，并按他的意见完成画稿。那位先生不仅购买了大批画，还与他结下了深厚的友谊。

3. 充满自信，善于辩解。

在人际交往中，不能仅仅真诚坦率地表达自己的感情、信仰、意愿，还应维护自己的正当权利。通过辩解增加交际双方的沟通了解，既表示自我尊重，也表示尊重他人。

无力自我辩解的人表现得缺乏自信，无原则，忧心忡忡，畏首畏尾，一事无成，缺乏对交际对象的吸引力。而侵权行为者则表现得自我意识过高过重，丝毫不顾及他人的感情和权利，为自我利益而我行我素，让人生厌。而充满自信的自我辩解者正好处在以上两者之间，自信地维护自己的正当权利，不压抑自我，也尊重对方，显得有骨气、有意志、有进取心和竞争力。

4. 大度为怀。

做人应表现大度，不斤斤计较。但也并不是没有原则，否则大度得过火，就会表现出你为人散漫，不仅对自己造成损失，也会给他人留下不好的印象。

5. 平等待人，入乡随俗。

能成大事的人都会以平等的态度与他人交往，不会自恃自己的地位、特长而盛气凌人，任何时候都把自己当做普通一员，这也是成功交往的一个要诀。有时候，人家也许对你产生误解，但你坚持这一条必会受益。

新闻界名人商恺是一个成功的人，他在与各色人物交往时，就很注意把

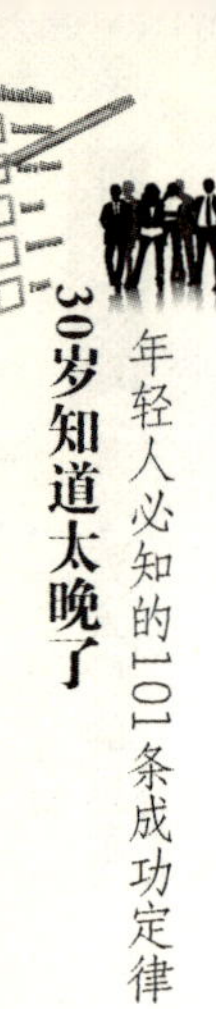

握这一条。他说:“要学会入乡随俗,上了公共汽车,你是普通乘客,得听售票员的。走在路上,你是普通行人,得听警察的。”不要老想着自己是什么“长”,位置摆得对,就会充实,就会成功。

6. 将心比心。

甲在地上写了一个6,站在对面的乙硬说这是9,两人吵得不亦乐乎,丙来了,看出端倪,劝他们相互站到对方的角度再看看,甲和乙恍然大悟。这说明:只有站在对方的角度才能理解对方,如果我们了解了事情的全面情况,就可以宽恕任何片面的意见。

美国汽车大王亨利·福特说:“如果成功有秘诀的话,那就是站在对方的立场来考虑问题。”倘若你与别人发生了争执,如果能够冷静地站在对方的立场上去认识和思考问题,你或许会发现自己是错的,而且你肯主动承认自己的错误,就会使矛盾完美地解决,还会在交际活动中使对方确立对你的信任。

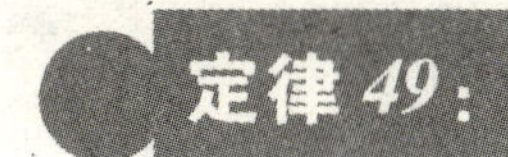

定律49：加强人脉的稳定性

如果20几岁的你还未建立起牢固的、层次分明的人际关系，那你离成功就还有很远的距离。有志于成功的年轻人，从现在起，建立并巩固你的人脉关系网吧。人际关系网包括你的亲人、朋友，包括所有可以互相帮助的人。

令人羡慕的成功者，除了本身优越的条件外，他们都有一群非常要好的朋友。这些朋友为他们出谋划策，对他们提出高的要求，不让他们有丝毫的松懈和半点的放弃。

为了在20几岁时获得成功，你也需要有这样一群良好的朋友，需要有这样一张良好的人际关系网。

从某种意义上说，人际关系网对一个人事业的成败及工作的好坏具有极大的影响。成功在很大程度上取决于你拥有多大的权力和影响力，与合适的人建立稳固的关系是至关重要的。

良好、稳定的人际关系必须由10个左右你所信赖的核心人物组成。这首选的10个人可以是你的朋友、家庭成员以及那些在事业上与你联系紧密的人。这些人构成你的影响力内圈，因为他们能为你创造一个发挥特长的空间，而且彼此都是朝一个方向努力。这里不存在钩心斗角，他们不会在背后说东道西，并且会从心底希望你成功，你与他们的合作也会很愉快。

另外，你必须与至少15个人组成的后备力量保持一定的联系，作为你10个人内圈的补充。假如内圈中有一位退休或移民国外，那15个人组成的后备军就派上用场了。其实，只要你每月定期和他们取得联系，通过电话、传真、聚会、电子邮件或信件，这个团体的人数就会超过15人。

对方在试图与你建立关系时，总会打听你是做什么的。如果你的回答

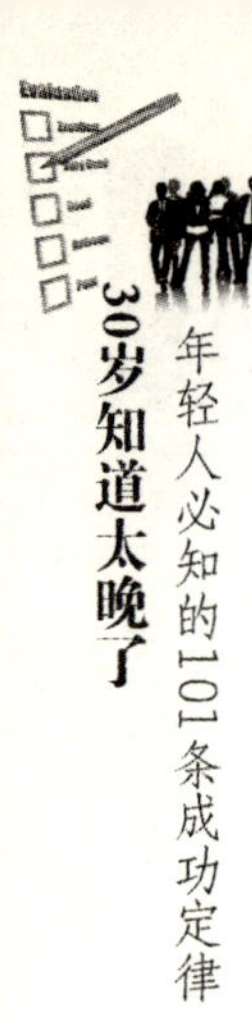

很一般,比如只是一句“我是某公司的经理”,你就失去了与对方继续交流的机会。你不妨这样回答对方:“我在某公司负责一个小组的管理工作,主要为我们的网络开发软件。我喜欢骑马,爱好打网球,并且喜爱文学。”这种简单而不失个性的介绍不仅为你的回答增添了色彩,也为对方提供了不少可以继续接触的话题,说不定其中就有对方感兴趣的。当他表示“哦,你爱打网球?我也喜欢”时,你们就建立了一种最初的关系。建造关系网络的前提,不是“别人能为我做什么”,而是“我能为别人做什么”。在回答问题时,不妨补上一句:“我能为你做些什么?”

保持联络是建立成功关系网络的另一个重要条件。当《纽约时报》记者问美国前总统克林顿如何保持自己的政治关系网时,他回答说:“每天晚上睡觉前,我会在一张卡片上列出我当天联系过的每一个人,注明重要细节、时间、会晤地点以及与此相关的一些信息;然后输入秘书为我建立的关系网数据库中。这些年来,朋友们帮了我不少。”

与关系网络中的每个人保持密切的联系,最好的方式就是创造性地运用你的日程表,记下那些对你关系的维持至关重要的日子,比如生日或周年庆祝等。在这些特别的日子里准时和他们通话,哪怕只是给他们寄张贺卡,他们也会高兴万分,因为他们知道你心中想着他们。

观察他们在组织中的变化也不容忽视。当你的关系网成员升迁或调到其他的组织中去时,你应该衷心地祝贺他们。同时,也把你个人的情况透露给对方。去度假之前,打电话问问他们有什么需要。

当他们处于人生的低谷时,立刻打电话给他们。不论你的关系网中谁遇到了麻烦,你都要立即打电话安慰他,并主动提供帮助,这是你支持对方的最好方式。

充分地利用你的商务旅行。如果你旅行的地点正好离你的某位关系成员挺近,你就应该邀请他与你共进午餐或晚餐。只要是你的关系网的成员邀请,不论是升职派对,还是他女儿的婚礼,你都要去露露面。至少每三个月调整一下你的关系网,要多问问自己:“为什么要保留这种关系?”如果你不定期更新或增加新人,你的关系网就会逐渐老化,其威力会大大减弱,应该时刻关注网络成员的信息,定期将你收到的信息与他们分享,这对你来说是十分必要的。人最大的力量就是团结努力。很不幸的是由于无知或自大。有些人因而误认为自己完全有能力驾驭好这叶脆弱的小帆船,驶入这个处处危险的生命海洋。这些人将会发现，有些漩涡比任何危险的海域还要危险万分。大自然所有的法则与计划都建立在和谐与合作的领域上，世界上所有的领袖早就发现了这个伟大的真理。

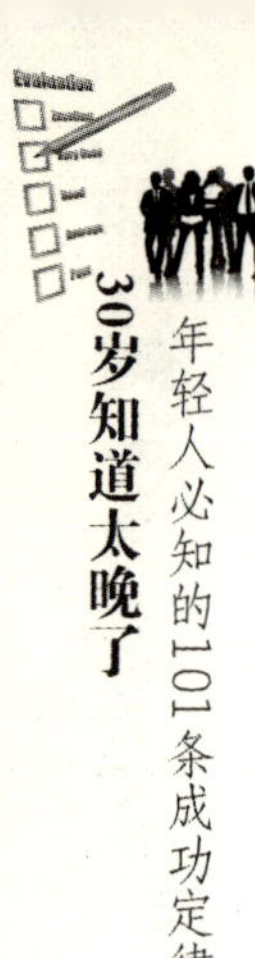

定律 50：

积极主动地“攀龙附凤”

有时一个人的失败并不是因为他不勤奋或没有才能，而是因为他没有抓住机遇，积极主动地“攀龙附凤”，获得“龙凤”的提拔。成功者最容易成为年轻人的贵人，要想得到命运的垂青，你首先要结识一些成功人士。不要觉得不好意思，主动和成功者联系，大胆地亮出你自己吧，可能当你亮出自己时，贵人已经赏识、重用你了。

银行业是非常注重资历和经验的，所以，在银行中担任要职的往往是老成持重的人物。但一个年轻人只用了不到 10 年的时间就登上了“金字塔尖”，他的成功经历引起了很多人的兴趣。

一位作家打算揭开这个谜底，他去拜访这个年轻的银行家时，问了这样的问题：“很少有这么年轻就能在银行里得到这么高职位的人。告诉我，你是如何奋斗的？”

“这需要花许多工夫并勇于奉献，”年轻的银行家解释道，“但真正的秘诀是，我选择了一位良师。”

“一位良师，这是什么意思？”作家问。

银行家说：“在我大学快毕业时，有一位退休的银行家到班上做讲座。他当时已经 70 多岁了。他的临别赠言是：‘如果你们有什么需要我帮忙的地方，尽管打电话给我。’听起来好像他只是客套一番，但他的建议却引起了我的兴趣。我需要他给我一些建议，告诉我在我想步入银行业时该走哪一步才是正确的。可我又很怕碰钉子，毕竟他是个有钱而又杰出的人，而我只不过是个即将毕业的大学生而已。但是最后，我还是鼓起勇气打电话给他。”

“结果怎么样？”

年轻的银行家这么回答："他非常友善，甚至邀请我与他见面谈谈。我去了，得到许多意见后，我满载而归。他给我一些非常好的指导，告诉我应该选择在哪家银行做事，又告诉我如何将自己推荐给别人而获得一份工作。他甚至提议：'如果你需要我的话，我可以当你的指导老师。"

"我的指导老师后来和我有着非常良好的关系。"银行家继续说，"我每周打电话给他，而且每个月至少一起吃顿午餐。他从来没有出面帮我解决问题，不过他使我了解到要解决银行的问题有哪些不同的方法。而且有趣的是，我的指导老师还衷心地感谢我，我们的交往使他的思想保持年轻。"

成功者的帮助就在身边，前提是你必须主动去寻找，如果你不善于去寻找，那么他们很可能与你失之交臂。

在生活中，各行各业都有许多非常成功的人，人们随时准备着帮助那些树立了成功目标的人。如果我们请求他们帮助的话，他们一定会乐于帮助的。

对于初涉世事的年轻人来说，明白这一点显得尤为重要。多结交一些成功人士，你成功的概率会成倍增加，懂得了这一点，就等于发现了一条通往成功的捷径，所以，想要成功，请先积极地攀龙附凤结识一些成功人士。

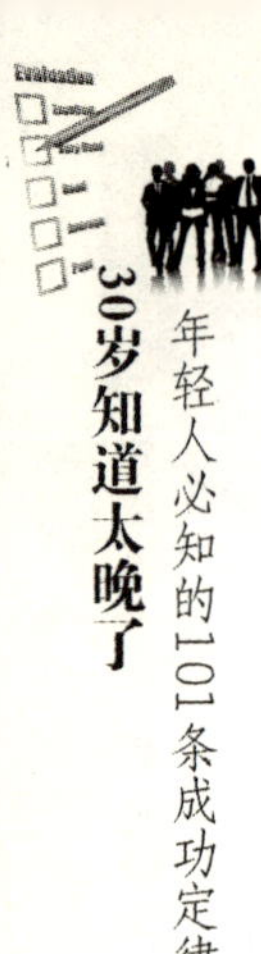

定律51：

必要时，“势利”交友也是策略

“势利”交友，这是现如今很流行的说法。当然这并不是说年轻人之间的友谊都是功利的，而是让年轻人明白：朋友之间应该是能相互帮助，相互扶持的。

况且，年轻人都是想出人头地的，如果整天和一些狐朋狗友在一起，只会懂得怎样吃喝玩乐，绝不会学到一点对自己成长有利的东西，更不可能通过这些朋友的帮助来改变自己的命运了。

因此，身为一个年轻人，一定要有选择地去结识有用的朋友，为改变自己的人生际遇做出现实的努力。

奥兰多尔刚大学毕业就遇上美国经济萧条，工作很难找，他跑了许多家企业，但都因为经济不景气、公司裁员而被拒绝。好在奥兰多尔学的专业是社会学，对政商两界的一些重要人物非常了解。

詹姆斯·宾利，当时美国最大的脚踏车制造公司的董事长，在3年前因为税务问题而入狱服刑。奥兰多尔通过一位记者朋友了解到别人控诉詹姆斯·宾利逃税的案件有些失实，于是冒充记者赴监狱采访他，写了几篇公正的报道，在一些刊物上发表，这件事使詹姆斯·宾利非常感激他。

詹姆斯·宾利出狱后对奥兰多尔说：“朋友，如果你想找个更好的工作，也许我可以帮忙。”奥兰多尔十分干脆地答应了，因为这正是他所期望的。就这样，奥兰多尔顷刻间有了一份新工作，而且拥有很高的薪水和优厚的福利。

这不仅是一份工作，更是一份事业。30年后，奥兰多尔已成为全美著名的脚踏车制造公司的大股东兼总经理了。

取得成功后的奥兰多尔说：“结交一个有用的朋友，就像是挖了一口井，付出的是一点点汗水，得到的是源源不断的泉水。我的命运之所以会发生这样巨大的改变，完全取决于当初认识的一个朋友——詹姆斯·宾利。”

那么，年轻人“势利”交友的策略应该如何操作呢？

交朋友先要有目标，只有找对自己有所帮助的人，与之联系，建立关系才是最佳的选择。在现实生活中，只凭情感去交朋友是不明智的，因为你难以预料后果。真正明智的人在交朋友的时候，都是会有多方考虑的。

“势利交友”正是体现了公平和互利的关系，这样的朋友关系才是长久的，相反，那些只有索取和奉献的朋友关系才是非常脆弱的。有关系、有能力的人，人人都愿结交；有财力、有势力的人，更是人人都想攀附的；而对于没有任何优势与能力的人，大家自然敬而远之。

年轻人在选择朋友时应该考虑到这种互利的关系，只有这样才能对改变自己的命运有所帮助。

“势利”交友这种策略对年轻人绝对是有一定好处的。作为年轻人，在交朋友的时候有一点“势利”实在是一种远见，它能为年轻人带来的好处绝对不会只有交好运这一点。

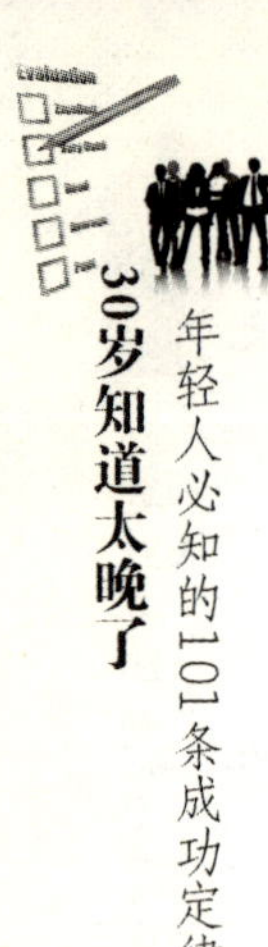

定律52:

多结交一些"含金量"高的朋友

曾国藩说过:"一生之成败,皆关乎朋友之贤否,不可不慎也。"一个年轻人的一生,如果交上几个"含金量"高的朋友,不仅可以得到情感的慰藉,而且朋友之间可以互相学习,相互激发,成为事业成功的基石。所以,交朋友不可不选择,很多时候,结交朋友就是改变自己命运的关键!

姜涛与钱佳乐从同一所大学印刷专业毕业,又同时签约在一家公司。原指望能成为办公室中的一员,可是万万没有想到,公司培育人才的方式规定,新来的大学生必须先到车间工作一年后方可调动到办公室。

两人从师兄师姐那里打听到,车间工作比他们想象中的还要辛苦:轰鸣的机器声,刺鼻的油墨味,白晚班12小时连班倒,周末还得经常加班,很少有人能在那里撑到一年。两人一听顿时对未来失去了信心。

于是,姜涛和钱佳乐开始四处找人帮忙,但他们初来乍到,认识的都是和自己一样的实习生,这些朋友怎么可能帮到自己呢。两人在高人的指点下,开始寻找"含金量"高的朋友,希望能从这些朋友那找到解决的办法。

很快,姜涛发现了一个"含金量"高的朋友,他就是公司生产总监邓总,于是开始想办法与之结交。董事长请刚进入公司的新人吃饭,鼓励大家迎接即将开始的工作,公司各事业部老总也出席了晚宴。

姜涛看准机会,坐到了邓总的旁边,两个小时的饭局,姜涛成功地让生产总监记住了自己的名字。在此后一个月的工作培训中,姜涛经常到邓总的办公室走动,早上给邓总带早餐,训练结束了,姜涛和邓总也变成了好朋友。

在分配工作岗位的时候,邓总把姜涛叫到办公室,说:"我这办公室的秘书刚刚走了,你就接替他的职位吧。好好干,作为朋友兼上司,我相信你能行!”

钱佳乐眼看着姜涛通过这么一位“含金量”高的朋友而平步青云,既羡慕又懊悔,“自己为什么没有这样一位朋友帮助呢?”无奈之下,钱佳乐只得到车间工作,半年之后,姜涛升为助理,而钱佳乐早已经辞职离开了。

由此可见,结交一位“含金量”高的朋友,对年轻人未来事业的发展是多么重要。年轻人一定要知道,不是身边所有的人都对自己有帮助,无论他们的本意多么好。有一个无能的朋友可能比一个朋友都没有更加糟糕。

但是,也并不是每一个有地位、有财富的成功人士都能成为对于你来说“含金量”高的朋友。

那么,如何鉴别一个人是不是你所谓的“含金量”高的朋友呢?你可以先问问自己以下几个问题,就能知道答案:

1. 你的观点和价值观念同这位“含金量”高的朋友吻合吗?

如果你未来的朋友对人生价值的理解和职业道路的观点和你的不一样,那么这说明你和你未来的朋友遇到了问题。所以,你一定要和他多多接触,了解他关于人生价值和职业道路的真正看法。

2. 这位“含金量”高的朋友是不是一个好老师?

一个好的朋友能够向你指点诀窍,告诉你他知道的一切。由于能力以及经验等各方面的欠缺,也许你花一辈子也想不明白的事情,或者你可能暂时办不到的事情,求助良师益友,问题就能迎刃而解。同时,通过和亦师亦友的朋友接触交流,你可以仔细观察他、学习他,这样你就能获得飞速的进步。

3. 这位“含金量”高的朋友是否有能力?

一个强有力的朋友不见得要求职位有多高,但他应该是一位非凡的人物,应该具有强烈的自信和坚定的信念,有着冷静灵活的头脑和长远的眼光,这一切需要你发挥灵敏的嗅觉把他们从生活中找出来,并且抓住机会,成功进入他的圈子。头衔并不一定能说明这个人能力的大小,因此当你估计你未来朋友的影响力大小的时候,一定要仔细慎重。

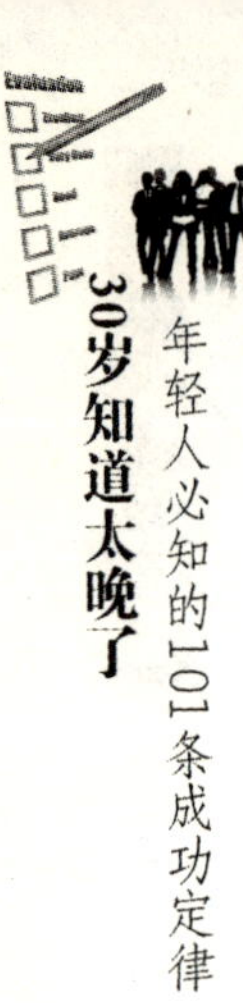

通过对上面问题的回答，你就会对身边那些有可能成为“含金量”高的朋友的人有了清晰的认识，只有与这样的朋友结交，才可能真正改变一个年轻人的命运，帮助一个年轻人走向成功。

“店里有人好吃饭，朝里有人好做官”，这句谚语说的就是结交高“含金量”的人物带来的好处。年轻人在追逐成功的道路上一定要善于寻找和发现这样的人物，并与他们结交，这样成功的概率就会倍增。

定律53：

结交可优势互补的朋友

孔子曰:“三人行,必有我师焉。”每个年轻人都有自己的劣势,这时候,就需要一个可以与自己优势互补的朋友来帮助自己。无论是事业上还是生活中,如果有一两个可以和自己取长补短、互帮互助的朋友,那都是让人羡慕的好运气。

交朋友最根本的原则就是要取长补短,借助别人的优势来弥补自身的不足,如果整天和与自己各方面都很相似的人在一起,强项不一定会更强,但弱项一定会更弱。

有专家说过,一个年轻人通过与不同类型的朋友交往,可以获得不同侧面的信息,利用这些信息,他就可以达到优势互补的目的了。

既然结交优势互补的朋友,既可以实现梦想,又能改变命运,年轻人还有什么可犹豫的呢?

袁非、钟坤、蔡峰是大学同学,在学校时他们就是死党。并不是因为他们兴趣相投,而是因为他们三个兴趣爱好完全不同,但却正好起到了互补的作用,三个人在互相学习中共同进步,感情也越来越好了。

由于专长不同,毕业后三个人走上了不同的道路。袁非毕业后选择了继续深造,钟坤去南方实现自己的梦想,蔡峰则是在一家不错的国企工作,谁也没有想到将来会在一起做生意。然而3年后,当他们在各自的领域磨炼出了自己的优势、专长之后,决定一起做一件大事。很快,他们在太原注册了一家资金50万的电脑公司。

俗话说得好,三个臭皮匠,赛过一个诸葛亮。就这样,专于学术研究的袁非、在南方学到先进经营理念的钟坤和在国企学到严谨管理制度的蔡峰各展所长,公司很快在业内闯出了名堂。

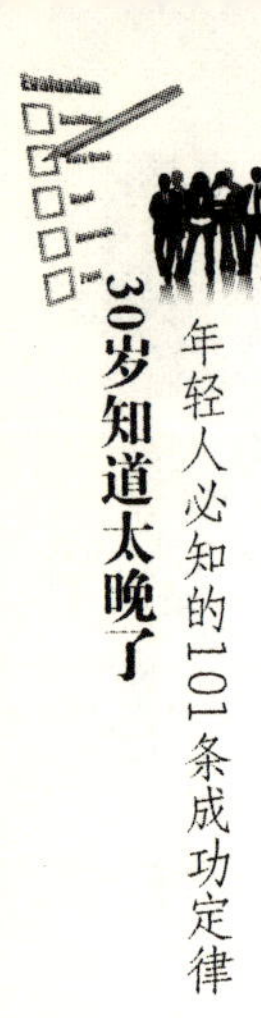

可见，一个年轻人结交可优势互补的朋友，所带来的最大好处就是博采众长，使之为我所用。这应该是我们在选择朋友时的最基本原则。我们交朋友的目的，就是让自己进步，所以对于那些在某方面比我们优秀的人，更应该注意结交了。

如果你自己某方面有劣势，而另外一个人在这方面表现得很优秀，你就应该去主动和他成为朋友，通过交往来取其所长，补己所短。其实，决定交往对象范围的主要因素，应该是“需要的互补性”，缺什么就补什么，通过向优秀的人学习，而弥补自己的劣势，打破了自己各种无形的界限，让自己的能力范围进一步拓展。所以，我们应该根据自己的优缺点和拓展事业的需要，积极主动地选择有益、有效的朋友。

当然，在结交优势互补朋友的时候，还要注意做到“看重一点，不及其余”。也就是说，可能对方并不如你，在很多方面也很普通，却有一点非常突出，也正是你所欣赏和需要的，那你就可以与之做朋友。比如说，对方做事效率不高，反应也不够灵敏，但他非常有毅力，做事从来不虎头蛇尾，能善始善终，而这一点正是你所缺少的。

和这样的人交朋友，你就会在毅力方面受到鼓舞和鞭策，你们之间相互监督，就能弥补你这方面的缺陷。而对于朋友其他方面的缺点，你要警惕，不要让他传染给你，你应该主动帮助他摆脱这些缺点，这样你们就算是优势互补了。

当然，你也可以结交一些在性格上和你不一样的，甚至迥然相异的朋友。你还可以不只限于与同一文化层次、同一专业行当的人交朋友，还应发展与不同文化层次、不同专业、不同行业的人交朋友。

在这个世界上，没有一无是处的人，任何一个人身上，一定会有你所不具有的东西，孔子曾说“三人行，必有我师”，想成功的年轻人只有与更多的人交往，发现对方的优点，才能让自己在不断学习中进步。

一个年轻人的身边如果都是与自己性格、文化层次等不同的朋友，可能对于他的能力、看世界的眼光、做事的态度等容易有更多的帮助和提高，只有彼此交流和学习，结交可优势互补的朋友，才能成为更好运、更接近成功的年轻人。

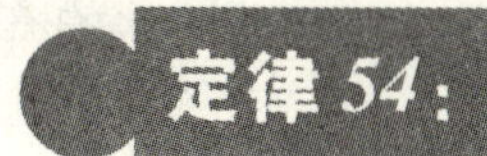

定律54：竞争时代，合作成功

据美国商务部公布的统计资料表明，独立开办企业的业主，成功率仅为10%，连锁开办的企业，成功率高达90%，1992年美国《幸福》杂志按销售额排名的世界前20名零售商店，无一不是连锁商店。

由此可见，专业分工越来越细，要想取得成功，必须学会“连锁”——合作。

1. 合作创造力量

俗话说：三个臭皮匠，顶个诸葛亮。这强调的是合作的力量。

的确，合作是人类不可或缺的生存方式，在社会分工越来越细的情况下尤其如此。只要你想生存，你就离不开合作——各种各样的合作。只是合作的形式与合作的效率不同，如此而已。

精诚合作、集思广益是人类最了不起的能耐，它不仅可以创造奇迹，开辟前所未有的新天地，也能激发人类最大潜能，即使面对人生再大的挑战都不足惧。两根木头所能承受的力量大于个别承受力的总和。俗语所说的，“一根筷子容易断，十根筷子断就难”就体现了合作的力量。

家庭是观察与实践合作的理想场合。一男一女结合，孕育出新生命，这就是一加一等于三。

2. 合作能够加速成功

为了使自己的努力获得最大成功，我们需要别人。

米歇尔是一位青年演员，刚刚在电视上崭露头角。他英俊潇洒，很有天赋，演技也很好，开始时扮演小配角，现在已成为主要角色演员。从职业上

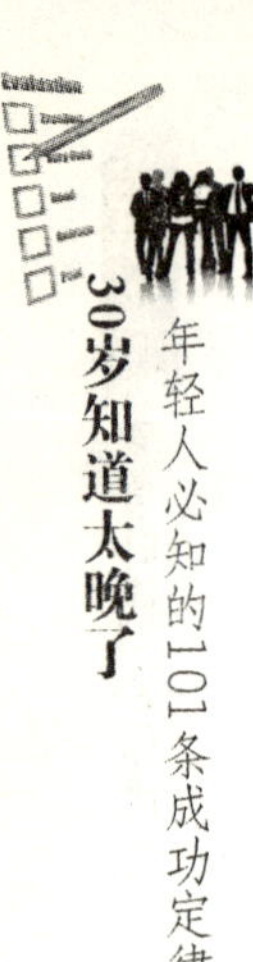

看，他需要有人为他包装和宣传以扩大名声。因此，他需要一个公共关系公司为他在各种报刊、杂志上刊登他的照片和有关他的文章，增加他的知名度。

不过，要建立这样的公司，米歇尔拿不出那么多钱来聘用高级雇员以及其他开销等。偶然的一次机会，他遇上莉莎。莉莎在纽约一家公关公司，但到目前为止，一些比较出名的演员、歌手、夜总会的表演者不愿意同她合作，她的生意主要是靠一些小买卖和零售商店。

俩人一拍即合，联合干了起来。

米歇尔成为了她的代理人，而她则为他提供出头露面所需要的经费。他们的合作达到了最佳境界，米歇尔是一名英俊的演员，并正在时下的电视剧中出现，莉莎便让一些较有影响的报纸和杂志把眼睛盯在他身上。这样一来，她自己也变得出名了，并很快为一些有名望的人提供了社交娱乐服务，他们付给她很高的报酬。而米歇尔，不仅不必为自己的知名度花大笔的钱，而且随着名声的增长，也使自己在业务活动中处于一种更有利的地位。

通过莉莎和米歇尔的相互需要与合作，我们可以看到这样一种格局：米歇尔需要求助于莉莎，获得为自己做宣传的费用；莉莎为了在她的业务中吸引名人，需要米歇尔作为自己的代理人。

莉莎和米歇尔，相互合作，成就了彼此，也互相满足了对方的需要。这一原则看来是如此的简单明了，双方的需要得到同等满足，同时也一举成就了彼此。

定律55：

合作能集思广益

一个人可以凭着自己的想象力取得一定的成就，但如果可以把自己的想象力和别人的想象力结合起来，就会取得令人意想不到的成就。我们可以把每个人的“心智”结合起来，形成一个强大的“能量体”，那么，它创造财富的力量也必定是无与伦比的。

两块木头所能共同承受的力量，大于这两块木头独自的承受力之和；两种药物并用的效用，也可能大于分开使用的效用之和。集思广益的观念从这类现象中得出，就是全体大于部分之和。

集思广益的精髓在于尊重差异，取长补短。在家庭中，夫妻双方生理、精神、情感与社会角色的不同，可以成为开创新生活和促进个人成长的契机，孕育出更为美好的下一代。

拿破仑·希尔的朋友约翰先生积累了多年的教学经验，他深信考验师生集思广益能力的最佳时刻就是出现不一般状况的时候。

他难以忘记曾教过一班大学生“领导哲学与风格”的课程，那是在刚开学的时候，有一位同学做口头报告时，坦白地吐露自己的心声，内容感人泪下，深深地触动了班上的同学。受此影响，其他同学也纷纷走上讲台畅所欲言，甚至对内心深处的疑虑也毫不保留。

当时，那种信赖和坦诚的气氛深深地触动了约翰先生，他也浑然忘我地投入其中，并逐渐萌发了放弃原定教学计划的想法，开始尝试一种新的教学方式，最终大家决议抛开课本、进度表和口头报告，重新修订教学计划和作业，全体同学都投入到课程内容的策划之中。3 周后，大家又把这一段的学习心得汇集成书。然后，他们又开始重新制订计划，重新分组。

为了另外一个迥然不同的目标，大家的热情比以前高涨多了。这段看

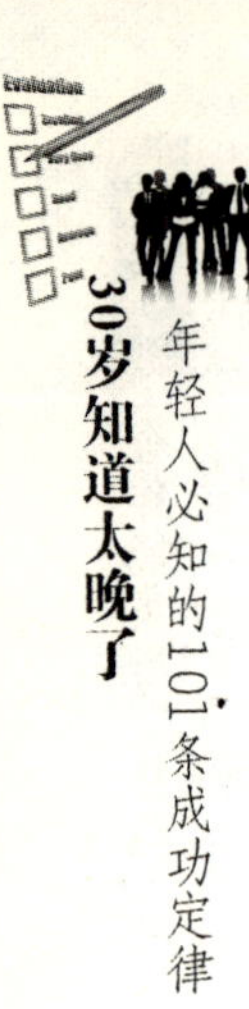

似平常的历程却对这班学生的成长产生了积极的影响。最主要的是培养出了罕见的向心力和认同感。以后,他们经常举行同学会,一直持续到今天,每个人对那个学期的点点滴滴都难以忘怀。

为什么在这么短的时间内,这班学生就能够完全互信与合作?约翰认为,他们的个性已相当成熟,渴望进行有意义的课程尝试,而自己适时地提供了催化剂。所以,对那班同学而言,可谓“水到渠成”。

只要你真诚地言他人所想言,总会得到相应的反馈,集思广益的沟通也就由此开始,那么你们合作之后,取得成功就会变得相对容易得多。

一个人的100%，与100个人的1%

富豪保罗·盖蒂曾经说："一个人在做事情时，永远不要靠一个人花100%的力量，而要靠100个人每个人花1%的力量来完成。"

仔细想想，在当今竞争激烈的时代，他的话语是多么的睿智和深刻！关于这句话，其实不难理解。比如，你派一个顶尖业务高手去做一件棘手的工作，要他一个人发挥100%的力量来对付，结果他疲惫不堪。事实上，他也不可能发挥出100%的力量，这根本不现实！但是如果换一种方式，你派100个人前往，只需他们每个人发挥出1%的力量，结果却出人意料——事情轻轻松松地给完成了，不仅效果奇好，而且在工作过程中，他们甚至还欢快地吹着口哨！

再比如，你在做生意的时候，需要100万元的资金，你有一个很好的朋友，但他全部的资金只有10万，他就是竭尽所能也只能借给你10万，距离你100万的目标还远着呢！而如果你有100个朋友，他们各自有10万元，只要他们各自能借给你1万元，你的资金就凑够了。

一家大公司招聘高层管理人员，9名优秀应聘者经过面试，从200多人中脱颖而出，闯进了由公司老板亲自把关的复试。

老总看过这9个人的详细资料和初试成绩后，对他们的表现都非常满意，但此次招聘只能录取3个人，于是老总给大家出了最后一道题。他把这9个人随机分成甲、乙、丙三组，指定甲组的3个人去调查婴儿用品市场，乙组的3个人去调查妇女用品市场，丙组的3个人去调查老年人用品市场。

老总说："录取你们，是要你们去开发市场的，所以，你们必须对市场有敏锐的观察力。现在我把你们分成了3个小组，希望你们互相合作。全力以赴。大家一个个也都暗中用劲，都希望自己成为最优秀的那3位。临走的时

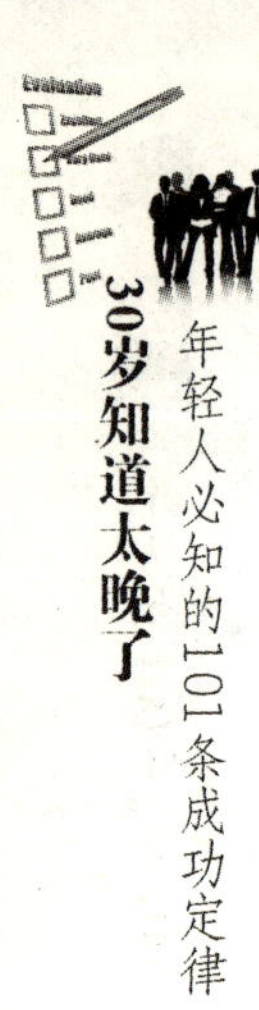

候，老总又补充道：为避免大家盲目展开调查，我已经叫秘书准备了一份相关行业的资料，走的时候自己到秘书那里去取。

3天后，9个人都把自己的市场分析报告递到了老总那里。老总看完后，站起身来，走向丙组的3个人，分别与之一一握手，并祝贺道："恭喜3位，你们已经被录取了！"随后，老总看看大家疑惑的表情说："请大家找出我叫秘书给你们的资料，互相看看。"

原来，每个人得到的资料都不一样，甲组的3个人得到的分别是本市婴儿用品市场过去、现在和将来的分析，其他两组的也类似。老总说："走的时候，我叫你们互相合作，但是只有丙组的人互相借用了对方的资料，补齐了自己的分析报告。而甲、乙两组的人却分别行事，抛开队友，自己做自己的，形成的市场分析报告自然不够全面。其实我出这样一个题目，主要目的是考察一下大家的团队合作意识，看看大家是否善于在工作中合作。要知道，团队合作精神才是现代企业成功的保障！"

事实就是如此，100个朋友每个人花1%的力量帮助你，就远远超过一个人用尽100%的力量去帮助你。何况，让一个人用尽100%的力量去帮助自己，也是不太现实的事情。

当然，要获得一个人的帮助，你只需要和一个人成为朋友；而要想获得100个人的帮助，自然需要和100个人成为朋友。这就需要你不断扩大交际圈，与更多的人成为朋友。

提到交朋友，也许你首先想到的就是那些大人物。当然，与大人物交朋友好处显而易见，但我们决不能仅仅把目光盯在大人物身上！毕竟，在我们周围大人物是很有限的。在结识不到大人物的时候，不妨把目光停留在身边的普通人身上。因为100个人的1%比一个人的100%力量更大！

汇集100个人的1%的力量，就需要我们与各式各样的人合作。尤其在生意场上，如果你不肯与人合作、分享，那你取得成功的机会简直就是微乎其微！

也许你有资金，但是没有好项目；也许你管理才能出众，但是专业技术不精。如果你们能找到弥补自己缺陷的合作伙伴，结局不就"皆大欢喜"了吗？

不要期望自己是全能冠军，更不要期望一个人付出100%的能力来帮助你。你只需结交更多的朋友，在关键时刻他们只要付出1%的力量去帮助你，就足够了！

定律57：合作搭配得当，将会事半功倍

法国著名企业家皮尔·卡丹提出：在用人上，一加一不等于二，搞不好等于零。因此，在合作的过程中，只有人员搭配得当，才能使人的才能得到最大限度的发挥，使人力资源得到最佳的配置，从而产生一加一大于二的效果。

去过寺庙的人都知道，一进庙门，首先看到的是弥勒佛，笑脸迎客，而在他的背面，则是黑口黑脸的韦陀。

相传在很久以前，他们并不在同一个庙里，而是分别掌管不同的庙。

弥勒佛热情快乐，所以来的人非常多，但他什么都不在乎，丢三落四，没有好好地管理账目，所以依然入不敷出。而韦陀虽然管账是一把好手，但成天阴着个脸，太过严肃，搞得人越来越少，最后香火断绝。

佛祖在查看香火时发现了这个问题。就将他们俩放在同一个庙里，由弥勒佛负责公关，笑迎八方客，于是香火大旺。而韦陀铁面无私，锱铢必较，则让他负责财务，严格把关。在两人的分工合作中，庙里一派欣欣向荣的景象。

20世纪70年代中期，西武集团在加拿大多伦多创建了一家王子酒店，这是一家大型五星级酒店。对于这样一家豪华酒店，必然要有一个强有力的领导班子。委派谁去管理，无疑是一个重要问题。堤义明经过长时间考虑，决定从集团本部的三个部门各抽一名部长分别去任王子酒店的会长、社长和常务董事。

这三名部下，都是各自部门里独当一面的重量级人物，在西武集团可谓身经百战、屡建奇功。堤义明一向对他们相当器重。西武化学社社长森田重光有些不以为然。森田重光直言不讳地说："我认为您将那三人派到多伦多去经营王子酒店是完全不舍适的。”

森田重光说：“正是由于他们三个都是杰出的人才，所以我才觉得他们不合适。恕我直言，社长先生，您没注意到如何配搭他们，他们不但不能同心协力共同发挥作用，反而可能互相拆台，最终不可收拾。您知道，这三人都是集团三个部门的领导，一向在自己的业务范围内自己做主，他们最大的优点是有很强的创造性，缺点则是比较自以为是，拙于合作和协调。而现在您将他们三人绑在一起，就好像是三匹骏马各自都可以驰骋千里，追风逐月，但如果是把它们绑在一起去拉车，它们肯定还不如三条愚笨的牛管用。”

森田重光的话没有改变堤义明的决定，西武三虎将如期去了加拿大。

两月后，多伦多酒店亏损的情况不断传来。堤义明这才意识到森田重光的预言是何等正确。堤义明很快召开集团高层会议，这次会议的中心议题就是更换多伦多酒店管理人员。

多伦多王子酒店原社长被调回国内任另一家酒店社长。多伦多王子酒店新社长则由原来的会长出任，原常务董事则出任会长一职。

同样是两个月后，两家酒店的生意都空前兴隆，营业额提高了1.5倍。

由此可见，如果在用人中组合失当，则丧失整体优势；安排得宜，才成最佳配置。

由此可见，一个人要想成功，需要和优秀的人合作固然重要，但是如果简单地把优秀人才拼凑在一起，并不能组成优秀的团队。优秀的团队要想取得成功，是需要恰当的组合的。合适的组合，才能形成好的合作，才能使团队的工作效率更高，从而走向成功。

定律 58：学会与人合作

在当今这个世界，我们很难像爱伦·詹姆斯一样，悠然移居海边，日出时漫步，日落后归家写作，靠着皇室的稿费度过自己的余生。这种景象对现代人来讲更似一种幻想。我们每天都得奔波于喧嚣尘世，都得与各种各样的人去打交道。与他人之间保持良好的合作关系，是我们必须面对的事情。

如何与人合作，对于不知所措的年轻人来说，下面这些方法一定对你有很大的帮助：

1. 争取双赢是合作的基本原则。

在人类历史上，人们相互之间的交往与合作，一直受到“零和游戏”原理的影响。所谓“零和游戏”是指，一项游戏中，游戏者有输有赢，一方所赢，正是另一方所输，游戏的总成绩永远为零。

“零和游戏”的原理使游戏的利益完全向一方倾斜，而不顾及另一方的利益。胜利者的光荣往往伴随着失败者的屈辱和辛酸。但在零和游戏的原理中，双方是不可能维持长久的交往关系的。因为，谁也不愿意长久地以损害自己的利益为代价来保持双方的关系。进入 20 世纪以后，人类在经历了两次世界大战、经济的高速增长、科技进步、全球一体化以及日益严重的环境污染之后，“零和游戏”观念正逐渐被“双赢”观念所取代。人们开始认识到，利己不一定要建立在损人的基础上。即便在必须有输有赢的竞赛中，人们也认识到，通过比赛可以提高参与意识、增进相互了解、促进人类体质与精神层面的共同进步。而在各种经济合作中，只有一方获利的局面是不可能维持长久的。所以，通过有效合作，可以达到双赢的局面。

以获得利益与损失利益为标准，人类相互之间的交往与合作，可以获得

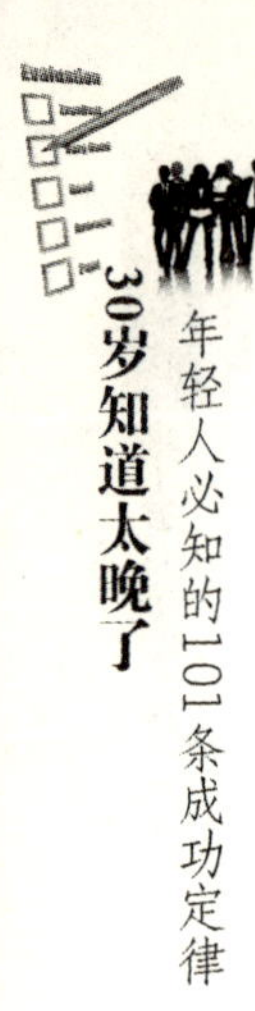

以下几种结局：

利己——利人

利己——不损人

利己——损人

不利己——利人

不利己——不损人

损己——不利人

年轻人要想成功，“利己不损人”应该成为年轻人做事的底线，争取做“利己又利人”的事，绝不做“损人不利己”的事。也就是要尽力争取双赢结局。但要取得双赢结局，要求各方要有真诚合作的精神和勇气，在合作中不要耍小聪明，不要总想占对方的便宜，要遵守游戏规则，否则双赢的局面就不可能出现，最终吃亏的还是合作者自己。

眼光向前看是与人进行合作时的一个重要原则。这个原则要求我们，在交往中，不要做任何一件事情，都要求得到回报。这样做的结果，很可能造成一种短视的行为，从而损害自己的长期利益。

一个强盗在追赶一个商人。商人逃进了山洞里。山洞里极深也极黑，强盗追了上去，抓住了商人，抢了他的钱，还有他随身带着的火把。

山洞如同一座地下迷宫，强盗庆幸自己有一个火把。他借着火把的光在洞中行走，他能看清脚下的石块，能看清周围的石壁，因此他不会碰壁，也不会被石块绊倒。但是，他走来走去，就是走不出山洞，最终，他精疲力竭而死。

商人失去了一切，他在黑暗中摸索行走，十分艰辛。他不时碰壁，不时被石头绊倒，但是，正因为他置身于一片黑暗之中，他的眼睛能敏锐地感觉到洞口透进来的光，他迎着这缕微光爬行，最终逃离了山洞。

身处黑暗，反而能看到光明，虽然磕磕绊绊的，最终仍能走向成功；有些人往往因为眼前的光明而迷失了方向，结果也只能是聪明一时，终生与成功无缘。

2. 注重并制定合理的规范。

有人说，中国人是不善于合作的民族之一。单独一个中国人是一条龙，如果合在一起，中国人就是一条虫。窝里斗的风气一直困扰着期待合作的有志之士。

有七个僧人曾经住在一起，每天分一大桶粥。要命的是，粥每天都是不够的。一开始，他们抓阄决定谁来分粥，之后每天轮一个。

于是每周下来，他们只有一天是饱的，就是自己分粥的那一天。

后来，他们开始推选出一个道德高尚的人来分粥。强权就会产生腐败。大家开始挖空心思去讨好他、贿赂他，搞得整个小团体乌烟瘴气。然后大家开始组成三人的分粥委员会及四人的评选委员会，互相攻击扯皮下来，粥吃到嘴里全是凉的。

最后大家想出了一个办法：轮流分粥，但分粥的人要等其他人都挑完之后拿剩下的最后一碗。为了不让自己吃到最少的，每人都尽量分得平均，就算不平，也只能认了。大家快快乐乐，和和气气，日子越过越好。

故事中，同样是七个人，不同的分配制度，就会有不同的风气。因此，大家聚在一起合作，比如说在同一个单位如果有不好的工作习气，一定是机制问题，一定是没有完全公平公正公开，没有严格的奖勤罚懒。因此，在一个合作团队中如何制订一个完善的竞争或合作制度，是每一个渴望成功的人必须认真对待的问题。

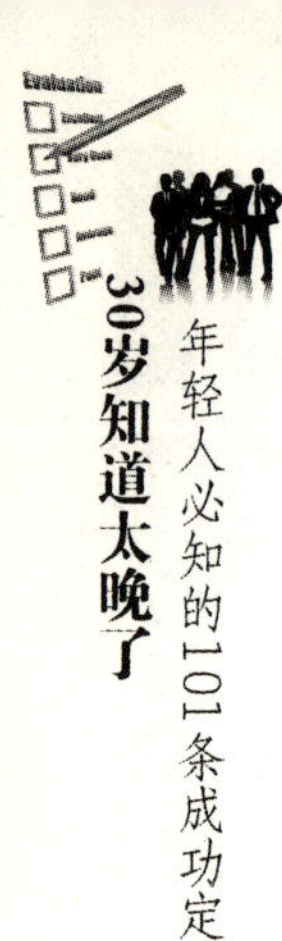

定律 59:

帮助别人就是双赢策略

有一个人被带去观赏天堂和地狱,他先去看了魔鬼掌管的地狱。

第一眼看去令人十分吃惊,因为所有的人都坐在酒桌旁,桌上摆满了各种佳肴,包括肉、水果、蔬菜。

然而,当他仔细看那些人时,他发现没有一张笑脸,也没有伴随盛宴的音乐或狂欢的迹象。坐在桌子旁边的人看起来无精打采,瘦得皮包骨头。

这个人发现他们每人的左臂上都捆着一把叉子,右臂上则捆着一把刀,刀和叉都有4尺长的把手,使它不能用来吃。

所以,即使每一样食品都在他们手边,结果还是吃不到。

于是,他带着疑惑去了天堂,景象完全一样:食物、刀、叉与那些4尺长的把手,然而,天堂里的居民却都在唱歌、欢笑。

为什么情况相同,结果却如此不同呢?因为地狱里每个人都试图喂自己,可4尺长的把手根本不可能吃到东西;天堂上的每一个人都是喂对面的人,而且也被对面的人所喂,因为互相帮助,结果反而帮助了自己。

这个故事启示年轻人,如果你帮助其他人获得他们需要的东西,你也会因此而得到想要的东西,而且你帮助的人越多,你得到的也越多。

帮助别人就是帮助自己,帮助别人也就是在发展自己,别人得到的并非就是你自己失去的。

1987年6月法国网球公开赛期间,保罗·弗雷斯科和韦尔奇在巴黎招待他们的商业伙伴,一起观赏这一盛大赛事。

法国政府控股的汤姆逊电子公司的董事长阿兰·戈麦斯也在他们热情邀请之列。韦尔奇事先已经约好第二天去戈麦斯的办公室拜访他,在他们见面的时候,情形和韦尔奇第一次与别的商家会谈时没有什么两样。他们的企业都需要对方帮助。

汤姆逊公司拥有一家韦尔奇想要的医疗造影设备公司。这家公司叫CGR,实力不算很强,在同行业内排名只是第四或第五名。而韦尔奇的GE公司在美国医疗设备行业则拥有一家首屈一指的子公司,这家子公司几乎垄断了美国从X光机、CT扫描仪到核磁共振治疗仪等医疗设备的全部业务,但他们在欧洲市场却没有明显优势。尤其重要的是,由于法国政府保持着对汤姆逊公司的控股,实际上就等于将韦尔奇的公司关在了法国市场之外。

在会谈中,阿兰·戈麦斯明确地表示他不想把他的医疗业务卖给韦尔奇,但韦尔奇决定看看他是否对进行业务交换感兴趣。因此,他向戈麦斯说明,他可以用自己的其他业务与他们的医疗业务进行交换。在此之前,韦尔奇非常清楚他不喜欢GE的哪些业务和公司。因此,他绝不会做赔本的交易。

于是,他站起身来,走到汤姆逊公司会议室的讲解板前面,拿起一支水笔,开始在上面列出他能够卖给他们的一些业务。他列出的第一个项目是半导体业务,对方不想要。然后,他又列出电视机制造业务。

这时,阿兰·戈麦斯立刻表示对这个想法很有兴趣。在他看来,他的电视业务规模目前还不算很大,而且全都局限在欧洲范围之内。他认为,通过这项交换,可以把那些不赚钱的医疗业务甩掉,同时又能使他一夜之间成为第一大电视机制造商。他们两人对这项交易很是兴奋,于是马上开始谈判。很快,他们达成一致。谈判结束后,阿兰·戈麦斯陪着韦尔奇走出了电梯,一直把他送到等候在办公楼外面的轿车旁边。

当车发动起来并从道路上疾驶而去的时候,韦尔奇一把抓住了他身边秘书的胳膊,激动地说:“天啊,是上帝来让我做这笔交易的,我当然有理由把它做得更好。”

秘书回答他:“我认为,阿兰·戈麦斯也是真想做成这笔交易。”他们都开怀大笑起来。

韦尔奇确信,阿兰回到楼上之后也会有同样的感觉。因为阿兰·戈麦斯也同样清楚,他的电视机公司规模太小,根本无法同日本人竞争。这笔交易可以使他获得一个相对稳定的规模经济和市场地位,从而使他可以应对一场巨大的挑战。

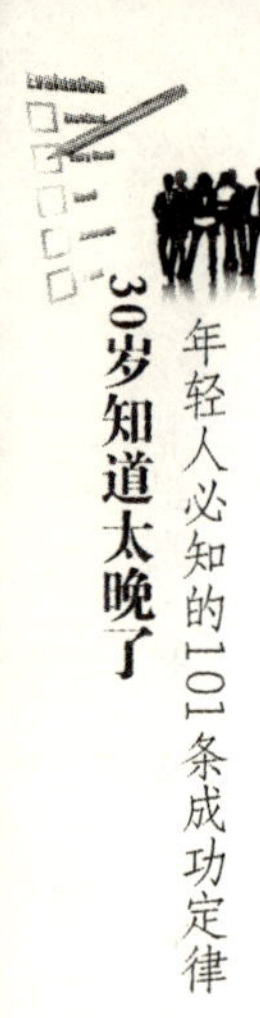

对韦尔奇来讲,他在国内消费电子产品的业务年销售额为30亿美元。而买进汤姆逊的医疗设备,自己的业务年收入将增加到7亿5千万美元。这笔交易将使韦尔奇在欧洲市场的份额提高到15%。他将更有实力来对付GE的最大竞争者——西门子公司。在余下的6周之内,交易过程中的所有手续全部顺利完成,并于7月份对外宣布。除了做交换的医疗设备业务之外,汤姆逊公司还附带给了GE公司10亿美元现金和一批专利使用权,这批专利权将会每年为GE带来1亿美元的收入。

而同时,汤姆逊公司也变成世界上最大的电视机生产商。然而,韦尔奇出售电视机业务一事却成了很多人批评的对象。许多媒体指责他是在向日本人的竞争屈服,另一些人则攻击他不爱国,只爱钱。他甚至被称为在战斗中开小差的胆小鬼。但韦尔奇对此发表评论说:"这些批评都是媒体的一派胡言。事实上,通过交易,我们的医疗设备业务更加全球化,技术更加尖端,而且还得到一大笔现金。每年专利使用费的收入就比我们前十年里电视机业务的纯收入还要多。而且,我们由此上缴国家的利税也是前些年的好几倍。"

就这样,韦尔奇与汤姆逊公司在很短的时间内做成了这笔交易,各自提高了业务量,最终双双取得了成功。

这就是双赢的魅力,以双赢为出发点,大家都可取得成功,何乐而不为呢?

欲取先予，巧妙找合作机会

海尔集团生产的洗衣机的销售量在西南市场出现了下滑的趋势，并且接连收到四川农村用户的投诉，诉称他们生产的洗衣机质量差。

海尔集团立即进行了详细的市场调查，发现在盛产红薯的成都平原，每当红薯大丰收的时节，许多农民除了卖掉一部分新鲜红薯，还要将大量的红薯洗净后加工成薯条。但红薯上粘连的泥土洗起来费时费力，于是农民就动用了洗衣机……

更深一步的调查发现，在四川农村有不少洗衣机用过一段时间后，电机转速减弱、电机壳体发烫。向农民一打听，才知道他们冬天用洗衣机洗红薯，夏天用它来洗衣服。

这令海尔萌生了一个大胆的想法：发明一种洗红薯的洗衣机，并于1998年4月投入批量生产。其不仅具有一般双桶洗衣机的全部功能，还可以洗地瓜、水果甚至蛤蜊，价格仅为848元。首次生产了1万台投放农村，立刻被一抢而空。

每年的6至8月是洗衣机销售的淡季。每到这段时间，很多厂家就把促销员从商场里撤回去了。调查发现，不是老百姓不洗衣裳，而是夏天里5千克的洗衣机不实用，既浪费水又浪费电。于是，海尔的科研人员很快设计出一种洗衣量只有1.5千克的洗衣机——小小神童。

“只有淡季的思想，没有淡季的市场。”在西藏，海尔洗衣机甚至可以打出合格的酥油；在安徽，海尔洗衣机可以洗龙虾。海尔，通过满足不同客户需求，在洗衣机市场上占尽先机。

有位年轻人到奔驰公司要买一辆轿车，看完陈列厅里的100多辆样车后，竟没有一辆中意。他表示想要一辆灰底黑边的车。销售员告诉他，本公

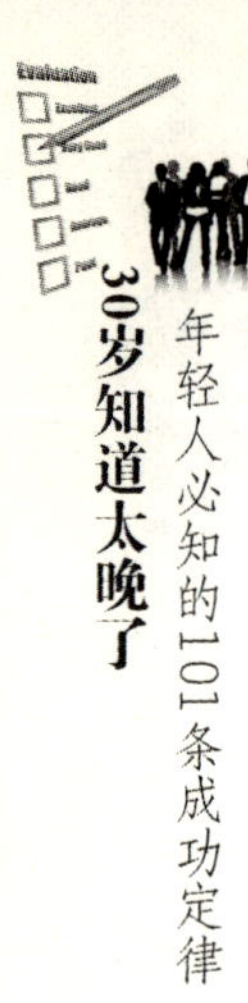

司没有这种车。

公司的销售部主任得知情况后十分生气，他对销售员说："像你这样做生意，只能让公司关门歇业。"销售部主任设法找到那个年轻人，告诉他两天后来取车。两天后，年轻人看到了他想要的灰底黑边车，但还是不满意，说这车不是他要的规格。

经验丰富的销售部主任耐心地问："先生要什么规格的，我们一定满足您的要求。"三天后，年轻人高兴地看到他想要的规格、型号、式样的车。可是他试开了一圈后，对销售部主任说："要是能给汽车安装个收音机就好了。"当时，汽车收音机刚刚问世，大多数人认为给汽车安装收音机容易导致交通事故，但销售部主任犹豫了片刻仍对年轻人说："先生下午来可以吗？"

挑剔的年轻人终于从奔驰公司买走了他中意的车。他感激地对销售部主任说："感谢您的周到服务。我想，有您这种服务态度，贵公司肯定会赚大钱的。"

奔驰之所以成为奔驰，不仅在于其质量上的精益求精，也在于其以顾客需要为导向的全心全意的服务。

一天，有几个顾客到希尔顿酒店住宿。早上醒来就打电话向服务员订早餐，结果这位顾客所订的早餐是酒店已经告知顾客从不售卖的，只是这位顾客没有看到而已。

于是这位性格暴躁的顾客开始拍桌子大发雷霆，大骂希尔顿酒店的服务是假的，是吹出来的。

在场的女服务员并没有与他争执，而是道歉之后退出门去，一会儿工夫她端着一份顾客需要的早餐出现在顾客的房间，并向顾客解释说："尊敬的先生，这种早餐组合酒店是一直都没有为顾客提供的，这一份呢，是我从我自己的家里为您带来的，就算是送给您的小小礼物，欢迎您光临希尔顿酒店。"

此时，这位冒失的顾客这才如梦初醒，忙不迭地感谢服务员，不绝口地夸赞希尔顿酒店的服务的确是名不虚传。

当天下午，这位顾客就把散住在周围酒店的几十个同伴，都带过来入住希尔顿酒店。

定律61：

站在他人立场思考，赢得他人的合作

我们应该试着了解别人，从他人的观点来看问题，我们就能得到友谊，减少摩擦和困难，共同创造事业上的奇迹。

记着，别人也许完全错误，但他自己并不认为如此。因此，不要责备他，只有傻子才会那么做。试着去了解他，聪明、宽容的人就会这么做。

别人之所以那么想，一定有他自己的原因。了解那个隐藏的原因，你就等于拥有了解答他的行为——也许是他的个性的钥匙。

试着忠实地使自己置身在他的处境。如果你对自己说："如果我处在他的情况下，我会有什么感觉，有什么反应？"那你就会节省不少时间，解除很多苦恼，因为若对原因产生兴趣，我们就不会对结果不喜欢。

"你对自己的事业深感兴趣，跟你对其他事情的漠不关心，互相做个比较，那么，你就会明白，其他人也正是抱着这种态度。与人合作能否成功，全看你能不能以同样的心理接受别人的特点。在你表现出你认为别人的观念和感觉与你自己的观念和感觉一样重要的时候，谈论合作才会有融洽的气氛。在开始谈话的时候，你接受他的观念将会鼓励他打开心胸来接受你的观念。

卡耐基经常在他家附近的一处公园内散步和骑马。他跟古代高卢人的督伊德教徒一样，只崇拜橡树。因此，当卡耐基看到那些嫩树和灌木，一季又一季地被一些不必要的大火烧毁时，他感到很伤心。那些火灾并不是疏忽的吸烟者所引起的，它们几乎全是由那些到公园内去享受野外生活、在树下煮蛋或做热狗的小孩子们所引燃的。有时候，火势太猛，必须劳驾消防队才能将火扑灭。

在公园的一个角落里，立着一块告示牌说，任何人在公园内生火，必将

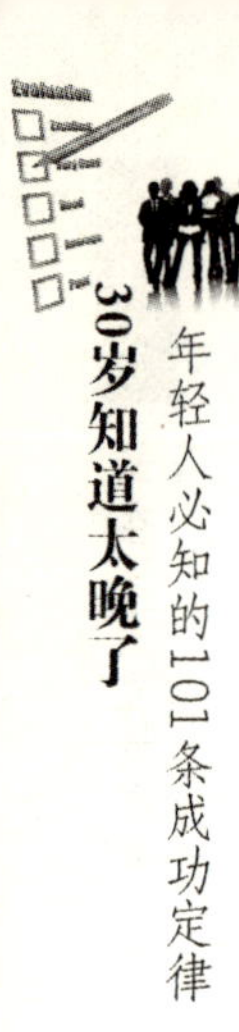

受罚或被拘留。但那块牌子立在公园一个偏僻的角落里，很少有人注意到。

有一次，卡耐基慌慌张张地跑到一位警察面前，告诉他有一场大火正迅速在公园里蔓延，希望他赶快通知消防队。但他竟然漠不关心地回答，这不关他的事，因为这不是他的管区。卡耐基很失望，所以后来到公园里去骑马的时候，他的行为就像一位自封的管理员，试图保护公家土地。

刚开始的时候，他没有试着去了解这些孩子们的看法。卡耐基一看到树下有火，心里就很不痛快。他总是骑马来到那些小孩子面前，警告说，他们可能会因为在公园内生火，而被关进监牢去。卡耐基以权威的口气命令他们把火扑熄。如果他们拒绝，他就威胁叫警察把他们逮捕起来。他只是尽情地发泄自我的感觉，根本没有想到他们的看法。

结果呢？那些孩子们表面上是服从了，但是一个个都是心不甘情不愿的。等卡耐基骑马跑过山丘之后，他们很有可能重新把火点燃了，并且极想把整个公园都给烧光。

随着年岁的增长，卡耐基对做人处世有了更深一层的认识，他变得更为圆滑了，更懂得从别人的观点来看事情。于是，他不再对那些纵火的孩子下命令，而会骑马到那堆火前面，说出大约像下面的这一段话：

"孩子们，你们玩得痛快吗？你们晚餐想煮些什么？我小时候也很喜欢生火——现在还是很喜欢。但你们应该知道，在这公园内生火是十分危险的。我知道你们这几位会很小心，但其他人可就不这么小心了。他们来了，看到你们生起了一堆火，因此他们也生了火，而后来回家时却又不把火弄熄，结果火烧到枯叶，蔓延起来，把这里的树木都烧死了。如果我们不加小心，以后我们这儿连一棵树都没有了。你们生起这堆火，就会被关入监牢内。但我不想太啰嗦，扫了你们的兴。我很高兴看到你们玩得十分痛快，但能不能请你们现在立刻把火堆旁边的枯叶子全部拨开，而在你们离开之前，用泥土，很多的泥土，把火堆掩盖起来，你们愿不愿意呢？下一次，如果你们还想玩火，能不能麻烦你们改到山丘的那一头，在那些沙坑里生火？在那儿生火，就不会造成任何损害……真是谢谢你们了，孩子们。祝你们玩得痛快！"

这种说法有了很不同的效果！使得那些孩子们愿意与他合作，不勉强、不憎恨。他们并没有被强迫接受命令，他们保住了面子。他们会觉得舒服一点，卡耐基也会觉得舒服一点，因为他先考虑到他们的看法，再来处理事情。在个人的问题变得极为严重的时候，从别人的观点和立场来看待事物也可以减缓紧张。

你想改变人们的看法，而不伤害感情或引起憎恨，那么就要试着诚实地站在他人的观点和立场上来看待事物，这样才能赢得与别人的合作。

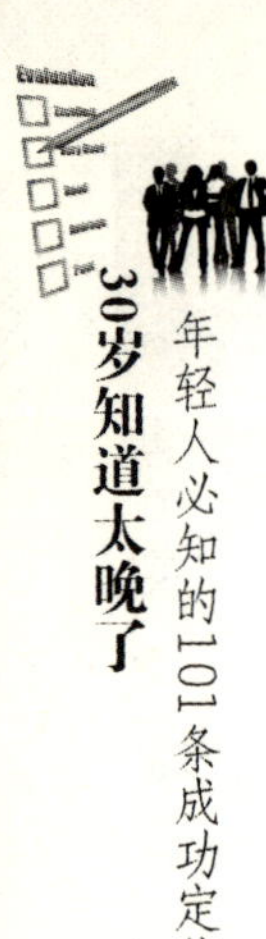

定律62：

让团队的合力最大化

美国开国总统乔治·华盛顿提出团队合作定律。他认为，团队合作不是人力的简单相加。人与人的合作，不是人力的简单相加，而是以更加复杂微妙的方式组合在一起。在这种合作中，假定每个人的能力都为1，那么10个人的合作结果有时比10大得多；有时，甚至比1还要小。因为人不是静止物，而更像方向各异的能量，相互推动时，自然事半功倍；相互抵触时，则一事无成。

无论是企业发展，还是个人发展，都不能脱离团队，而且必须得有很好的团队合作，才能取得更大的成绩。要知道，团队时代已经来临了。

1914年，托马斯·沃森创办后来闻名于世的IBM公司。他看到当时有些企业内部风气不良，许多资历老的员工欺压新来者，新老员工之间结下仇怨，职工内部很不团结。为了避免由于内部不团结而造成生产损失的情况在IBM公司里发生，托马斯·沃森提出了“必须尊重每一个人”的宗旨。

托马斯认为，尊重人就要讲公平，只有平等对待，互相尊重，才能形成团结友爱的氛围。因此，沃森叫人专门制订了工作礼节的自我检查手册，人手一册，随时对照检查。为检查职工是否遵守必要的礼节，他在各个基层中，任命1或2名任期为1年的“礼节委员”。

1964年3月，在纽约的克尤公园发生了一起震惊全美的谋杀案。

在凌晨3点的时候，一位年轻的酒吧女经理被一个杀人狂杀死。作案时间长达半个小时，附近住户中有38人看到女经理被刺的情况或听到女经理反复的呼救声，但没有一个人出来保护她，也没有一个人及时给警察打电话。

事后，美国大小媒体同声谴责纽约人的异化与冷漠。

然而，两位年轻的心理学家——巴利与拉塔内并没有认同这些说法。对于旁观者们的无动于衷，他们认为还有更好的解释。为了证明自己的假设，他们专门为此进行了一项试验。

他们寻找了72名不知真相的参与者与一名假扮的癫痫病患者参加试验，让他们以一对一或四对一两种方式，保持远距离联系，相互间只使用对讲机通话。事后的统计数据出现了很有意思的一幕：在交谈过程中，当假病人大呼救命时，在一对一通话的那组，有85%的人冲出工作间去报告有人发病；而在四个人同时听到假病人呼救的那组，只有31%的人采取了行动！

通过这个试验，人们对"克尤公园现象"有了令人信服的社会心理学解释。两位心理学家把它叫做"旁观者介入紧急事态的社会抑制"，更简单地说，就是"旁观者效应"。他们认为：在出现紧急情况时，正是因为有其他的目击者在场，才使得每一位旁观者都无动于衷，旁观者可能更多的是在看其他观察者的反应。

用这个效应再来看一下媒体经常报道的"小孩落水事件"。

旁观者甲本想下水救人，又有些犹豫，他在看其他目击者乙、丙等人的反应。转念一想："这么多人都看到小孩子落水，总会有几位下去救险的，自己就不下去了吧。"

犹豫之间，小孩子被水吞没了。居然没人下水，甲不禁心里有些内疚。再一想，要责怪，要内疚，要负责任，也是和乙、丙等数十人分担，没什么大不了的。于是，他走开了。

就这样，一桩桩旁观者众多，却"见死不救"的事件产生了。这种现象产生的原因之一，正在于"旁观者效应"，与人们一般以为的世态炎凉、人心不古之类的社会氛围或看客的冷漠等集体性格缺陷没有太大关系。

如果把拯救酒吧女经理、解救小孩落水当成旁观者的一次合作，那么合作失败的最根本原因就在于"旁观者效应"，众多的旁观者分散了每个人应该负有的解救责任。

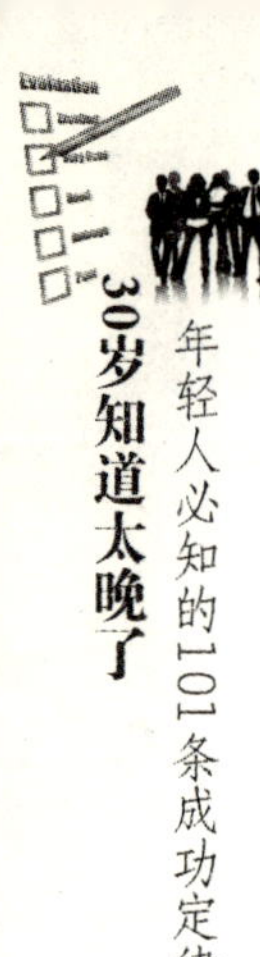

定律63：

化干戈为玉帛，才是合作上策

如果把结怨比做一棵树，那么其树根就是"嗔心"。把这个树根砍掉，则这棵树就活不长了。要砍掉这个树根，必须懂得如何宽恕。

第一个需要宽恕和原谅的对象是父母，不管你的父母对你做过或正在做什么不好的事，都必须完全、彻底地原谅他们；

第二个需要宽恕的对象，是所有以任何方式伤害过或正在伤害你的人，记住你无需与他们勾肩搭背、嬉皮笑脸，你无需与他们成为好朋友，你只要简单地、完全地宽恕他们，就可以砍掉结怨之树的树根；

第三个需要宽恕的对象，是你自己！不管你过去做过什么不好的事，请先真诚地忏悔并保证不再犯，然后——宽恕自己。

宽恕就是化干戈为玉帛的有力武器。"动不动就起干戈"的性格不会让你有所作为，相反会阻碍你成为面貌焕然一新的人。

苏格拉底被人踢了一脚，却表现得若无其事，他对不解的人解释："这就好比一头驴踢了我，我也应该像它一样动作吗？"

这个故事作为宽容的典范流传至今，但我们还是嗅出了其中的异味。

我们与其把它看成宽容，倒不如把它归入机智。他用驴来比人，用辱骂表示自己的轻蔑，实际上并没有宽容。真宽容，首先要宽容自己。只有宽容自己的人，才可能对别人宽容。

所谓"天下本无事，庸人自扰之"。人的烦恼有大半是源于自己的。画地为牢、作茧自缚者，自古有之。芸芸众生，各有所长，亦各有所短。争强好胜不是不可，但是要有个"度"，超过自己的能力，妄求太多，就会为些许身外之物所累，使得自己生活得身心疲惫而失去了做人的乐趣。只有承认自己某些方面不行，才能于淡泊之中体味出真谛，于宁静之中获得充实，才不至于使嫉妒之火吞灭心灵之光。

宽容除了宽容自己之外，更外在的表现在宽容别人——不仅要宽容别人的错误，更要宽容别人的长处。宽容一词可以做如下解释"拆卸与重装"：唯宽容可以容人。这个世界很大，每个人都有自己的生存空间，每个人做事都有自己的理由。当别人无意甚或是有意地侵犯到我们时，设身处地地为他们想想，看看是否有可以宽恕他们的理由。如果对方真的错了，那么试着原谅对方的错误。要真正做到这一点，需要我们有足够宽广的胸怀。其实原谅对方的错，同时也是你不再拿对方的错误惩罚自己：如果别人错怪了我们而我们再因此难过，那不恰恰是双重犯错吗？

有天晚上，一位老禅师出来散步，发现院墙角放着一张椅子，一看即知有出家人耐不得青灯孤寂而出去排解郁闷了。这位老禅师便搬开了椅子，自己蹲在那里充当椅子。不久，果然有位小和尚翻墙而过，踏着老禅师的背跳进了院子。小和尚发现自己踩的不是椅子，而是自己的师父，便紧张得惊惶失措、张口结舌。这时老禅师并未厉声斥责他，只用平静的语调说："夜深天凉，快回去多穿一件衣裳。"老禅师宽容了弟子，一方面使自己不陷于气急败坏之境地，另一方面学生也因老师的谅解，而生发醒悟。嗣后，老禅师没再提这件事，可是所有禅院的弟子都知道了。从此，没人再越墙外出闲逛了。

这就是老禅师宽容的肚量所起到的作用。他提供了师生之间互动的空间，也孕育了教育与成长的机缘。

生活中，宽容使我们表现出好的性情，也会引发别人的回应。

宽容更难做到的是"宽容别人的长处"。这似乎不合逻辑，可是看看宽容的定义就知道，宽容的中心词是容忍。那当然包括正确的对待别人的长处。房龙说过："一切的不宽容都来源于嫉妒。"其实对别人优点的不宽容，恰恰是一个人心胸狭窄的表现。

当丹东被送上断头台时，权欲熏天的罗伯斯庇尔也走到了自己的末日，这是法国大革命最不宽容的一个范例。要治理好天下，必须要有雅量。比如宋太宗，在这方面表现得就很突出。

《宋史》记载，有一天，宋太宗在北陪园与两个重臣一起喝酒，边喝边聊，两臣喝醉了，竟在皇帝面前相互比起功劳来，他们越比越来劲，干脆斗起嘴来，完全忘了在皇帝面前应有的君臣礼节。侍卫在旁看着实在不像话，便奏请宋太宗，要将这两人抓起来送吏部治罪。宋太宗没有同意，只是草草撤了酒宴，派人分别把他俩送回了家。第二天上午他俩都从沉醉中醒来，想起昨天的事，惶恐万分，连忙进宫请罪。宋太宗看着他们战战兢兢的样子，便轻描淡写地说："昨天我也喝醉了，记不起这件事了。"

现代的领导，都难免遇到下属冲撞自己、对自己不尊的时候，学学宋太宗，既不处罚，也不表态，装装糊涂，行行宽容。这样做，既体现了领导的仁厚，更展现了领导的睿智，不失领导的尊严，而又保全了下属的面子。以后，上下相处也不会尴尬，你的部属更会为你效犬马之劳。

定律64：

学会珍惜和利用你的对手

学会利用对手，在与对手合作的过程中，有的对手成了你的朋友，也有的对手变得更加敌对，但只要能够做成事情，使你获得利益，这又有什么不可以呢？要突破条条框框，一味依靠朋友可能一无所获，如果还要排斥从对手那里吸取经验，那你就可能什么事都做不成，什么成绩都没有，什么利益都没有。这是你想要的结果吗？如果对手并不妨碍你的利益，而且还能给你创造更多的利益，你为什么一定要对对手的一切都特别排斥呢？

在亚热带，有一个由3种动物组成的非常有意思的生物链，即毒蛇、青蛙和蜈蚣。毒蛇的主要食物是青蛙；青蛙却以有毒的蜈蚣为美食；在青蛙面前是弱者的蜈蚣却能够使比自己体形大得多的毒蛇毙命，一般的毒蛇对其无可奈何，三者之间两两都是水火不相容的。有趣的是冬季里，捕蛇者却在同一洞穴中发现3个冤家相安无事地同居一室，和平相处。

它们经过世代的自然选择，不仅形成了捕食弱者的本领，也学会了利用自己的克星保护自己的本领：如果毒蛇吃掉青蛙，自己就会被蜈蚣所杀；而蜈蚣杀死毒蛇，自己就会被青蛙吃掉；青蛙吃掉蜈蚣，自己就会成为毒蛇的盘中餐。这样一来，为了生存，青蛙不吃蜈蚣，以便让蜈蚣帮助自己抵御毒蛇；毒蛇不吃青蛙，以便让青蛙帮助自己抵御蜈蚣；蜈蚣不杀死毒蛇，以便让毒蛇帮助自己抵御青蛙。三者相克又相生，这是一个多么奇妙的平衡局面。

这个平衡格局有个朴素的道理：有时对手的存在，往往比消灭他们更有利，能起到更加积极的作用，以敌制乱，用敌于我。利用对手才能达到让自己更好地生存的目的。

以宽容的态度对待对手，在利用对手的过程中获得已有的利益，这比敌意十足的对抗更为明智。

在每一天的生活中，谁也不能保证身边没有一些潜在的对手。当你任由自己卷入人际冲突、玩手段、抢功劳、为小事争吵不休的纷争中，只会耗尽你的精力，影响你的态度。另外，你还会浪费原本应该用在正事上的宝贵时间。但是换个角度来思考，如果能努力了解别人的动机，你就会发现你的对手和你之间的相同点远比你认识的多。在他们身上，有你所缺少的，需要你学习的，而他们带给你的压力正是一种最难得的动力。你所要做的就是敞开胸怀，彻底消除抵触情绪，坦然地面对他们。

年轻人应该勤于向对手学习。要想战胜对手，就必须向对手学习，做到知己知彼。只有这样，才能在竞争中立于不败之地，否则，就会在自我陶醉中成为“井底之蛙”。向对手学习减少了自己探索的风险；向对手学习还能发现其不足之处，以较小的付出获取较大的利益；向对手学习更有益于审视自我，扬长避短，发挥优势。

学习对手是为了战胜对手。首先了解对手的竞争实力、竞争方法和竞争策略；其次要增强竞争的应变能力，根据竞争需要不断调整应对战术，力求随机应变。只有这样，才能运筹帷幄，决胜千里。

对手是个重要的参照物，他的存在证明你本人存在的价值。在对手身上你能看到自己的影子，有了相似之处也就有了理解的基础，有了相互尊重的前提。珍惜对手就是珍惜自己，宽容对手就是自尊的表现。

不要信命，把握住机遇命运就会改变

一个人要想成功离不开机遇，同时一个人之所以会成功，主要是因为在自身努力的情况下，他抓住了机遇。

机遇能让一个不名一文的人获得无穷财富，机遇也能让一个微不足道者建功立业。机遇对每个人都是平等的，因此，有志于成功的年轻人，请不要再相信“命不好”之类的言论，只要你能抓住机遇，人生的局面就会改变。

上帝对每个人都是公平的，无论命运如何、出身如何，机会总是会出现的。事实上，对年轻人来说，并不缺少改变命运的机遇，而是当机遇出现时，你有没有敏锐的眼光及时抓住它。培根说过：“机遇老人先给你送上它的头发，如果你没抓住，再抓就只能碰到它的秃头了。”

机遇能改变命运，但机遇也是一个奇怪的东西，它不会老是在你面前晃动。想要改变命运的年轻人要善于抓住每次机遇，充分施展自己的才能，获得成功，这样才不枉费战胜命运的决心。

机遇从来只青睐敢于冒险的人。因为当机遇到来的时候，谁也不能百分百确定它是否能带你走向成功。如果你不敢冒险，那么你在庆幸没有让命运变得更不幸的同时，也错失了成功的机遇。

风险与机遇总是同在，成功的年轻人一定要会利用自身的优势，勇敢地抓住机遇，为以后的成功积累资本。

杰克在一家商行打工。一天，杰克的母亲从美国来法国看他，在杰克带母亲返回美国的途中，一直渴望摆脱为人打工命运的杰克，看到了机遇，并勇敢地抓住了这个次遇。

当时，轮船停泊在新奥尔良，他信步走到了嘈杂的码头。码头上，晌午的太阳烤得正热。远处两艘从密西西比河下来的轮船停泊着，黑人正在忙

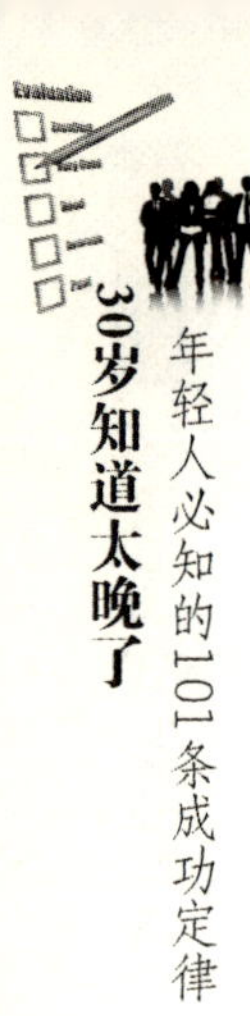

碌地上货、卸货。一位往来于美国和巴西的货船船长听说杰克在商行工作，就拉他到酒馆谈生意。船长问道："小伙子，想买咖啡吗？"船长告诉杰克，他受托从巴西的咖啡商那里运来一船咖啡，没想到美国的买主已经破产，只好自己推销，如果谁给现金，他可以以半价出售这些咖啡。

杰克带着咖啡样品，到新奥尔良所有与邓肯商行有联系的客户那儿推销。经验丰富的商行职员要他谨慎行事，咖啡的价钱虽然让人心动，但舱内的咖啡的品质是否与样品一样，谁也说不准，何况以前发生过船员欺骗买主的事。

但杰克已下定决心赌一把，他以邓肯商行的名义买下全船的咖啡，并发电报给法国的邓肯商行，说已买到一船廉价咖啡。然而，邓肯商行回电严加指责，不许杰克擅自用公司名义，让他立即取消这笔交易！杰克只好发电报给美国的叔叔求援。在叔叔的默许下，杰克用叔叔的资金偿还了原来挪用邓肯商行的金额。他还在那位船长的介绍下，买了其他船上的咖啡。最终杰克赌赢了，就在他买下大批咖啡后不久，巴西咖啡因受寒而减产，价格一下子猛涨了2~3倍。杰克赚了一大笔钱，并用这人生的第一桶金开始了自己的创业之路。10年后，杰克成为了商会主席。

杰克的故事告诉我们，当机会来临时，若一个年轻人有信心和资本，就要敢于下赌注，敢于在风险中取胜，这样才能改变命运，收获精彩的人生。

如果你是一个不信命的年轻人，那么你就会得到改变命运的机遇。但是要记住，机遇只属于那些不相信命运，敢于把握机遇，敢想、敢闯、敢碰的勇者，他们才是能驾驭自己命运的成功者。

机会很奇妙，寻可得，坐可失

有个懒人靠在一块大石头上，懒洋洋地晒着太阳。

这时，从远处走来一个奇怪的东西，它周身发着五颜六色的光，七八条腿一齐运动，这使它的行走显得十分快捷。

“喂！你在做什么？”那怪物问。

“我在这儿等待机遇。”懒人回答。

“等待机遇？哈哈！机遇什么样，你知道吗？”怪物问。

“不知道。不过，听说机遇是个很神奇的东西，它只要来到你身边，那么，你就会走运，或者当上了官，或者发了财，或者娶个漂亮老婆，或者……反正，美极了。”

“嗨！你连机遇什么样都不知道，还等什么机遇？还是跟着我走吧，让我带着你去做几件于你有益的事吧！”那怪物说着就要来拉他。

“去去去！少来添乱！我才不跟你走呢！”懒人不耐烦地撵那怪物。

那怪物叹息着离去。

这时，一位长髯老人来到懒人面前问道：“你抓住它了吗？”

“抓住它？它是什么东西？”懒人问。

“它就是机遇呀！”“天哪！我把它放走了。不，是我把它撵走了！”懒人后悔不迭，急忙站起身呼喊机遇，希望它能返回来。

“别喊了，”长髯老人说，“你刚才已经把它放弃了。让我告诉你关于机遇的秘密吧，它是一个不可捉摸的家伙。你专心等它时，它可能迟迟不来，你不留心时，它可能就来到你面前；见不着它时，你时时想它，见着了它时，你又认不出它；如果当它从你面前走过时你抓不住它，那么它将永不回头，使你永远错过了它！”

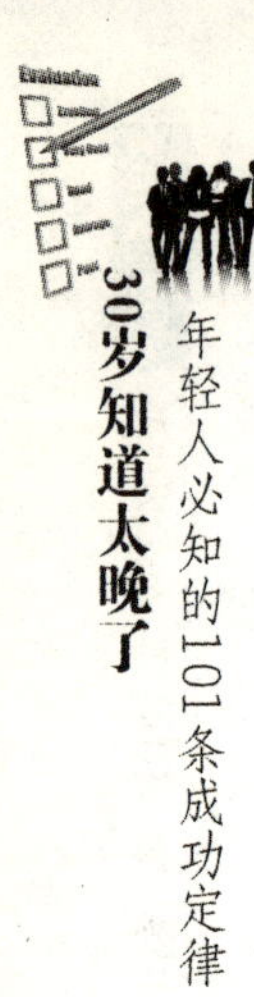

"天哪！那可咋办呀，我这一辈子不就失去机遇了吗？"懒人哭着说。

"那也未必，"长髯老人说，"让我再告诉你另一个关于机遇的秘密吧，其实，属于你的机遇不止一个。"

"不止一个？"懒人惊奇地问。

"对。这一个失去了，下一个还可以出现。不过，这些机遇，很多不是自然走来的，而是人创造的。"

"什么？机遇可以创造？"

"对。刚才的那个机遇，就是我为你创造的，可惜你把它放跑了。"

"太好了，那么，请您再为我创造一些机遇吧！"懒人说。

"不。以后的机遇，只有靠你自己创造了。"

"可惜，我不会创造机遇呀。"懒人为难地说。

"那么，现在，我教你。首先，站起来，永远不要等！然后，放开大步朝前走，见到你能够做的有益的事，就去做。那时，你就学会了创造机遇。"

机遇长什么样，没人见过，但有一点可以肯定，机遇是可以创造的。

这个寓言就是在告诫年轻人，等待机会不如创造机会，只要能够主动出击，到处都存在着机会。企图等待别人为你制造奇迹或期待明天出现奇迹，是不切实际而且必然会失败的幼稚想法。

比如一个年轻人想在单位谋取职位的晋升，就必须在上级面前表现自己，特别要实事求是地向上级反映情况，提出自己的困难和要求，这是正当的途径，完全不属于自私和争利的范畴。在机会面前，我们每个人都有权利去获得自己应该得到的东西。而且，作为上司来说，由于其时间的有限性，不可能完全了解每个人的情况，也可能仅仅被一些表面现象所蒙蔽，以至于犯片面性的错误。既然如此，我们自己为什么不可以主动地帮助上司了解情况，以便他做出更为公允的决策呢？相反，如果你不反映情况，则只能是自己对不起自己。

从某种意义上说，处处有机会，而且机会对每个人也都是均等的。只有懂得珍惜它的人才能知道它的价值，只有持之以恒地追求它的人才能受到它的青睐。你付出的愈多，你抓住的机会就愈多，你成功的可能就愈大；相反，你付出的越少，你抓住的机会就越少，成功的希望就越渺茫。有些人把学业上无建树、工作上无绩效、仕途上不通达，一概归咎于没有机会，抱怨自己才华盖世而不遇良机，空发"蒌蒿隐没灵芝草，淤泥藏限紫金盆"的感叹，这样的人永远也不会尝到成功的甜果！

因此，年轻人要明白：机会不等人，总是一闪而过，所以聪明的年轻人会主动争取机会、积极创造机遇，只有愚蠢的人才会在等待中让机遇一再与自己擦肩而过。

机遇，是瞬间的命运。如何创造机会呢？如何寻找机会一举成功呢？这就需要年轻人学会时刻寻找机会；在机会降临时，能果断、及时地把握它；当机会握在手中时，善于利用它并去争取成功——这是成功者必备的三种重要品质。

我们应该学会当机遇不在时，去寻找机遇；当机遇到来时，善于发现机遇；发现机遇后，抓住机遇，这是那种渴望成功的人应该具备的基本本领。

居里夫人说："弱者等待时机，强者创造时机。"亲爱的年轻人，不要等待你的机会出现，而要创造机会，直至达到成功。

请记住：对于懒惰者而言，即使是千载难逢的机会也毫无用处，而勤奋者却能将最平凡的机会变为千载难逢的机遇！

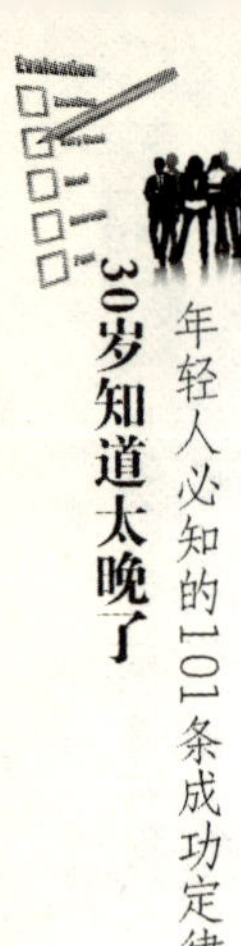

定律67：

抓住人生的每一次机会

机会总是暗藏在生活的每一个角落，如果你有一双慧眼，你就会发现机会无处不在，但如果你是生活中的粗心人，那么你只能看到生活平静如水的表面。

遗憾的是，我们中的大多数人只是在无聊、枯燥地过着一日重复一日的生活，却很难去发现蕴藏在生活之中的机会，偏偏机会又是转瞬即逝的，如果你没有一双识别机会的慧眼或看到机会而没有把握好，机会就可能与你擦肩而过。对于一个人来说，无论什么样的机会摆在面前，如果没有行动，就不可能赢得任何机会。

机会就像一只小鸟，如果你不抓住，它就会飞得无影无踪。接着，又有两只走了出来。如果这时拉绳，还能套住一只。

机遇是随机出现的，是影响我们成功与否的偶然因素，但有时又起着决定性的作用。很多人认为自己之所以没有成功，就是缺少像成功者那样的机遇。尽管机遇从其本身来看，并不是一个能够人为地加以控制的东西，但这并不意味着我们就不能努力用心去把握一些机遇，迎接运气的到来。

机遇往往是突然地或不知不觉地出现的，有时甚至永远不为人所知，或只是在回首往事时才认识到过去的那件事是个机遇，庆幸抓住了它或者后悔失去了它。善于抓住机遇的人通常具有以下基本素质：

第一，要随时做好准备，不要机遇来的时候临时抱佛脚。从青年时代开始就要尽可能的获取各种各样的知识，还要从学生时代开始就尽可能锻炼出很强的创新能力。

第二，要从小事做起，认真地做好每一件事。道理很简单，机遇总是突然地、不知不觉地出现，有时你甚至一辈子也不知道哪个是机遇。

第三，一旦出现机遇的时候，全力以赴，兢兢业业地抓住它。我国第一个乒乓球世界冠军容国团所说的"人生能有几回搏！"就是很好的诠释。

第四，要锻炼出敏锐的洞察力，善于在复杂的情况下发现机遇。许多学生念书时成绩很好，但后来，有的人很有成就，有的人却一事无成。关键在于面对新出现的复杂局面时，能否发现机遇，这就需要直觉。爱因斯坦能够取得如此大的成功，原因之一就是他在年轻时就懂得直觉的重要，又选择了他具有最好直觉的领域——物理学，因而在条件成熟时，他可以有大的突破。

机会是成功的前奏。当机遇来临时，我们必须千方百计地抓住它，因为抓住它也就抓住了成功之门的把手。

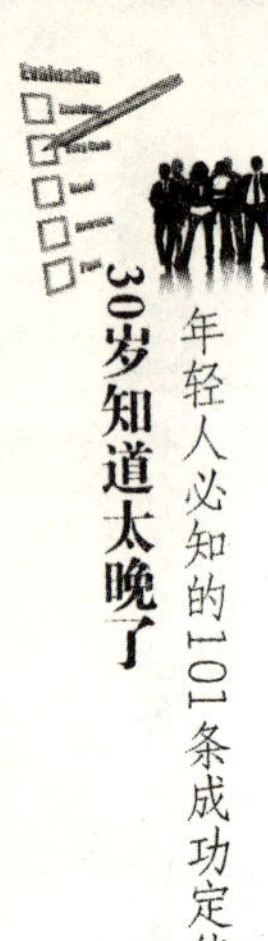

定律68：

不奋斗，机遇永远不会不请自来

任何机会都是靠自己奋斗得来的，而不是坐等来的。因此，年轻人要想成功，如果不经过奋斗，那机遇永远不会自动闯进你的家门，就像盐不会自己调进汤里一样。

那些被动等待的年轻人，根本就是在浪费时间，就是在错失良机，无异于把自己的命运交付给未知的外力来决定。

现实生活中，有许多人终其一生，都在等待一个足以使他成功的机会。

一位探险家在森林中看见一位老农正坐在树桩上抽烟斗，于是他上前打招呼说："您好，您在这儿干什么呢？"

这位老农回答："有一次我正要砍树，但就在这时风雨大作，刮倒了许多参天大树，这省了我不少力气。"

"您真幸运！"

"您可说对了，还有一次，暴风雨中的闪电把我准备要焚烧的干草给点着了。"

"真是奇迹！现在您准备做什么？"

"我正等待发生一场地震把土豆从地里翻出来。"

这个故事所讲的道理和守株待兔相同。

一个人，如果你失业，不要希望差事会自动上门，不要期待政府、工会打电话请你去上班，或期待把你解聘的公司会请你吃回头草，天下没有这么好的事情。

有位年轻人，想发财想得发疯。一天，他听说附近深山里有位白发老人，若有缘与他相见，则有求必应，肯定不会空手而归。

于是，那年轻人便连夜收拾行李，赶上山去。

他在那儿苦苦等了5天，终于见到了那位传说中的老人，他向老者恳求恩赐他以财富。

老人便告诉他说："每天清晨，太阳未东升时，你到海边的沙滩上寻找一粒'心愿石'。其他石头是冷的，而那颗'心愿石'却与众不同，握在手里，你会感到很温暖而且会发光。一旦你寻到那颗'心愿石'后，你所祈愿的东西就可以实现了！"

于是，此后的每一个清晨，那青年人便在海滩上捡石头，发觉不温暖又不发光的，他便丢下海去。日复一日，月复一月，那青年在沙滩上寻找了大半年，却始终也没找到温暖发光的"心愿石"。

有一天，他如往常一样，在沙滩上开始捡石头。一发觉不是"心愿石"便丢下海去。一粒、二粒、三粒……

突然，"哇……"

青年人大哭起来，因为他突然意识到：刚才他习惯性地扔出去的那块石头是"温暖"的。

机会的出现只是一瞬间的事，而抓住机会却可掌握上万个瞬间。

一位老教授退休后，拜访偏远山区的学校，传授当地老师教学心得。由于老教授的爱心及和蔼可亲，使得他到处受到老师及学生的欢迎。

有次当他结束在山区某学校的拜访过程，而欲赶赴他处时，许多学生依依不舍，老教授也不免为之所动。当下答应学生，下次再来时，只要他们能将自己的课桌椅收拾整洁，老教授将送给每名学生一份神秘礼物。

老教授离去后，每到星期三早上，所有学生一定会将自己的桌面收拾干净，因为星期三是教授例行拜访的日子，只是不确定教授会在哪一个星期三来到。

其中有一个学生的想法和其他学生不一样，他一心想得到教授的礼物留作纪念，生怕教授会临时在星期三以外的日子突然带着神秘礼物来到，于是他每天早上都将自己的桌椅收拾整齐。

但往往上午收拾好的桌面，到了下午又是一片凌乱，这个学生又担心教授会在下午来到，于是在下午又收拾了一次。想想又觉得不安，如果教授在一个小时后出现在教室，仍会看到他的桌面凌乱不堪，便决定每个小时收拾一次。

到最后，他想到，若是教授随时到来，仍有可能看到他的桌面不整洁，终于他想清楚了，他必须时刻保持自己桌面的整洁，随时欢迎教授的光临。

老教授虽然尚未带着神秘礼物出现，但这个学生已经得到了另一份奇特的礼物，那就是勤奋和对机遇的充分准备。

机会无所不在，关键在于，当机会出现时，你是否已准备好了。如果自己通过努力准备妥善了，那么机遇之神随时就会光顾的。

年轻人，无论过去我们是否为了等待机遇而耗去了太多的时光，从今天起，在等候机遇之神敲门的时候，我们不要忘了奋斗，因为奋斗能让我们做好准备，让自己保持最佳状态，以便机会出现时，我们可以紧紧抓住，不让它溜走。

定律69：

机会垂青前，要有所准备

你是否还在为自己的怀才不遇而愤愤不平？是否还在为自己拮据的生活而怨天咒地？身为一个年轻人要知道，坐等机遇只会白费力气，必须做好充分的准备主动抓住机遇。

机遇只垂青于有准备的人，准备和机会是成正比的，你越是重视准备，机会就会越重视你。要抓住机遇，就要早日做好准备。

天道酬勤，一个人所获得的报酬和成果，与他所付出的努力有极大的关系，运气的确是很重要的一个因素，但个人的努力更是不可或缺的。20来岁的年轻人，从现在起，请不要再浪费时间抱怨和机会无缘，抱怨自己命运不济，抱怨自己生不逢时。

一只成熟的苹果砸在树下的你的头上时，也许你会咒骂道："这该死的苹果！"但当苹果砸中的人是牛顿时，一个发现万有引力定律的机遇也就由此降临了。原来，机遇对于每一个人都是公平的，区别就在于你是否做好了抓住机遇的准备。那么如何才算是做好了抓住机遇的准备呢？

第一，抓住机遇不是被动的，真正聪明的人会创造机遇。就拿过去红军和解放军的运动战来说吧。没有好机会就跟你转圈跑，跑到你出现漏洞，也就是出现我的战机，我马上就打。运动战就是创造机遇的好例子。

第二，创造机遇要找那种适合自己，机遇多的岗位和地方去。一位美国大学校长介绍，美国人很喜欢换工作岗位，一生中大概要换四次。中国人恰好相反，惯性大，干一件事就想一辈子呆在这儿。换工作岗位有什么好处呢？你不是一锤定终身，你可以多次换，找准最适合自己的、机会最大的地方和位置。

第三，要得到原本不属于自己的机遇，或者让那些属于自己的机遇不要失去,很重要的一点,就是做人要诚实守信。有好多年轻人,为了短期利益和行为做假,考试作弊、说假话,就是不诚信,这样做的最终结果是害了自己。

第四,要善于与人相处和交流。交流对一个人的成功很重要。英国作家萧伯纳说过,“两个人交流思想和两个人交换苹果完全不一样,交换苹果,每个人手上只有一个苹果,而交流思想,每个人同时有两个思想”。如果大家都懂得这个道理,学会与人相处和交流,博采众家之长,那么你就具备了得到机遇的一个非常好的素质。

第五,要有良好的心理素质,这对创造机遇非常重要。一旦工作出现问题,要很快调整自己,去做那些容易取得成功的事情。

一个人一生中,会有很多机遇在偶然的情况下出现,当机遇向你招手时,只有那些准备充足的年轻人,只有那些懂得如何鉴别并抓住机遇的年轻人,才能一举抓住这些可以改变命运的时机。

其实,成功之路就如一架梯子,实力是横木,时机是竖木。只要年轻人能够把时间全用在提高自己的才能上,这才是为自己准备机遇。

定律70：

拖延是对机遇最大的挥霍

著名散文家朱自清的代表作《日子》中说到："洗手的时候，日子从水盆里过去，吃饭的时候，日子从饭碗里过去，默默时，便从凝然的双眼前过去。"这句话形象地道出了拖延是如何浪费时间的，而浪费时间其实就是浪费机会。

相信很多年轻人都有这样的经历：

清晨，闹钟把你从睡梦中惊醒，想着自己所订的计划，同时却感受着被窝里的温暖，一边不断地对自己说：该起床了，一边又不断地给自己寻找借口——再等一会儿。于是，在忐忑不安之中，又躺了5分钟，甚至10分钟。

由此可见，我们生活当中都在不自觉地拖延。很多情况下，拖延是因为人的惰性在作怪，每当自己要付出劳动时，或要作出抉择时，我们总会为自己找出一些借口，总想让自己轻松些、舒服些。有的人能在瞬间果断地战胜惰性，积极主动地面对挑战；而有的人却深陷于"激战"的泥潭，自己被主动性和惰性拉来拉去，不知所措，无法定夺……时间就这样被一分一秒地浪费了。

有时拖延是因为考虑过多、犹豫不决造成的。比如，有一方案即使在会议上已经通过，经理还在考虑万一职工有意见怎么办，万一上级领导有看法怎么办，非要再拖它一时半天才去实施，诸如此类的事情每一天都在我们的身边发生。

适当的谨慎是必要的，但谨慎过头就是优柔寡断，更何况很多像早上起床这样的事是没必要作任何考虑的，所以，我们要想尽一切办法不去拖延。最好的办法是逼迫法，也就是在知道自己要做一件事的同时，最好立即动手，绝不给自己留一秒钟的思考余地，千万不能让自己拉开和惰性开仗的架

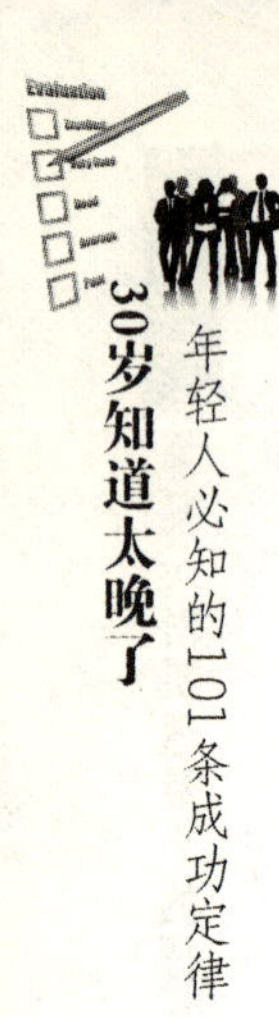

势，对付惰性最好的办法就是根本不让惰性出现。在事情的开始，总是积极的想法先有，然后当头脑中一出现“我是不是可以……”这样的问题，惰性就出现了，“战争”也就开始了。一旦开仗，结果就难说了。所以要能在积极的想法一出现，就马上行动，那么惰性就没有了乘虚而入的可能了。

人生要想成功，就要一点一点地打基础。先给自己设定一个实际可行的目标，确实达成之后，再转向难度较高的目标，动手去做！

如果你有严重的拖延习惯，还想抓住机遇的话，就必须通过以下的方法，克服自己的拖延：

第一，分清主次学会运用二八法则。

(1)分类：生活中肯定会有一些突发性和迫不及待要解决的问题。成功者花时间在做最重要，而不是最紧急的事情。把所有工作分成急并重、重但不急、急但不重、不急也不重四类，依次完成。你发每封电子邮件时不一定要字斟句酌，但是呈交老板的计划书就要周详细密了。

(2)分解：把大任务分成小任务。

第二，消除干扰。

关掉QQ，关掉音乐，关掉电视……将一切会影响你工作效率的东西统统关掉，全心全力地去做事情。

第三，互相监督。

找些朋友一起克服这个坏习惯，比单打独斗容易得多。

第四，设定更具体的目标。

如果你的计划是“我要减肥，保持好身段”，那么这个计划很可能流产。但如果你的计划是“我每周三次早上七点起床跑步”，那么这个计划很可能被坚持下来。所以，你不妨把任务划分成一个个可以控制的小目标。当你的家里看起来像一个垃圾站时，让它立刻变得纤尘不染可能是一件不现实的事，但是花十五分钟把洗手间清洁一下却也不算太难。

第五，不要给自己太长时间。

心理专家弗瓦尔发现，花两年时间完成论文的研究生总能给自己留一点时间放松、休整。那些花三年或者三年以上写论文的人几乎每分钟都在搜集资料和写作。所以，有时候工作时间拖得越长，工作效率就越低。

第六，别美化压力。

不要相信像"压力之下必有勇夫"这样的错误说法。你可以列一个设定短期、中期和长期目标的时间表，以避免把什么事情都耽搁到最后一分钟。

第七，寻求专业的帮助。

如果拖沓影响了你的前程，不妨去看看心理医生，认知——行为疗法可能会有效。

机会不能靠消极等待。如果你寄希望于等待，寄希望于运气，那么，你最初的热情和你已经花费的精力都将在消极拖延中消磨殆尽，拖延是对生命的一种浪费，上天总是把机遇送给坚持不懈的人，聪明的人一定要汲取龟兔赛跑的教训！

定律71：

不要放弃万分之一的机会

机会有大有小，十拿九稳的事谁都会去试一试，而一旦机会降到万分之一时，恐怕一万个人里面也只有一个人敢去尝试了，而那个敢于尝试的人，才是真正敢于冒险的人，才是真正离成功最近的人。

美国百货业巨子约翰·甘布士就属于那种能抓住万分之一机会的人。

有一次，甘布士要乘火车去纽约，但事先没有订妥车票，这时恰值圣诞节前夕，到纽约去度假的人很多，因此火车票很难购到。

甘布士夫人打电话去火车站询问："是否还可以买到这一次的车票？"

车站工作人员的答复是："全部车票都已售光。不过，假如不怕麻烦的话，可以带好行李到车站碰碰运气，看是否有人临时退票。"

车站工作人员反复强调了一句，这种机会或许只有万分之一。

甘布士欣然提了行李，赶到车站去，就如同已经买到了车票一样。

夫人问道："约翰，要是你到了车站买不到车票怎么办呢？"他不以为然地答道："那没有关系，我就好比拿着行李去散了一次步。"

甘布士到了车站，等了许久，退票的人仍然没有出现，乘客们都川流不息地向月台涌去。

但甘布士没有像别人那样急于往回走，而是耐心等待着。

大约距开车时间还有5分钟的时候，一个年轻人匆忙地赶来退票，因为她的女儿病得很严重，她被迫改坐以后的车次。

甘布士买下那张车票，搭上了去纽约的火车。

到了纽约，他在酒店里洗过澡，躺在床上给他太太打了一个长途电话。

在电话里，他轻轻地说：

"亲爱的，我抓住那只有万分之一的机会了，因为我相信一个不怕吃亏的笨蛋才是真正的聪明人。”

有一次，维尔地区经济萧条，不少工厂和商店纷纷倒闭，被迫贱价抛售自己堆积如山的存货，价钱低到 1 美金可以买到 100 双袜子。

那时，约翰・甘布士还是一家织造厂的小技师。他马上把自己积蓄的钱用于收购低价货物，人们见到他这股傻劲，都公然嘲笑他是个蠢材！

约翰・甘布士对别人的嘲笑漠然置之，依旧收购各个工厂和商店抛售的货物，并租了很大的货场来贮货。

他妻子劝他说，不要把这些别人廉价抛售的东西购入，因为他们历年积蓄下来的钱数有限，而且是准备用来教育子女的。

如果此举血本无归，那么后果便不堪设想。

对于妻子忧心忡忡的劝告，甘布士笑过后又对她道：“3 个月后，我们就可以靠这些廉价货物发大财了。”

甘布士的话似乎实现不了。

过了 10 天后，那些工厂贱价抛售也找不到买主了，便把所有存货用车运走烧掉，以此稳定市场上的物价。

太太看到别人已经在焚烧货物，不由得焦急万分，抱怨起甘布士，对于妻子的抱怨，甘布士一言不发。

终于，美国政府采取了紧急行动，稳定了维尔地区的物价，并且大力支持那里的厂商复业。

这时，维尔地区因焚烧的货物过多，存货欠缺，物价一天天飞涨。

约翰・甘布士马上把自己库存的大量货物抛售出去，一来赚了一大笔钱，二来使市场物价得以稳定，不致暴涨不断。

在他决定抛售货物时，他妻子又劝他暂时不忙把货物出售，因为物价还在一天一天飞涨。

他平静地说：“是抛售的时候了，再拖延一段时间，就会后悔莫及。”

果然，甘布士的货刚刚售完，物价便跌了下来，他的妻子对他的远见钦佩不已。

后来，甘布士用这笔赚来的钱，开了 5 家百货商店，业务十分发达。

如今，甘布士已是全美举足轻重的商业巨子了，他在一封给青年人的公开信中诚恳地说道：

“亲爱的朋友，我认为你们应该重视那万分之一的机会，因为它将给你

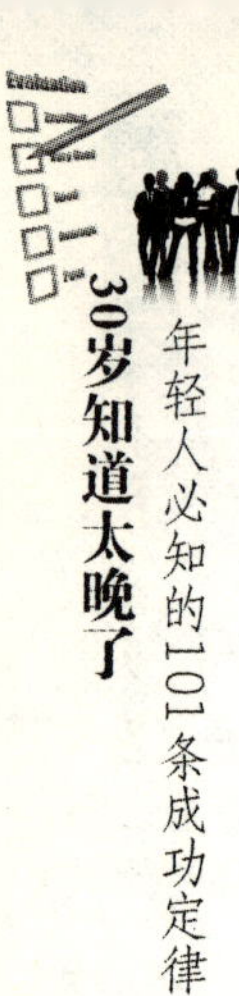

带来意想不到的成功。有人说，这种做法是傻子行径，比买奖券的希望还渺茫。这种观点是有失偏见的，因为开奖券是由别人主持的，丝毫不由你主观努力。但这种万分之一的机会，却完全能靠你自己的努力去获得。”

有志于成功的年轻人，请不要随时决定放弃，哪怕是万分之一的机会也不要轻易放弃。只有不放弃万分之一的机会，努力将它变成成功的珍贵机会，这才是成功人士的“心眼”所在。

定律72：

机会，有时就是比别人多坚持一下

我们总是说“坚持就是胜利”，但是，现在我们更应该说“坚持就有机会”。没错，只要你是一个不轻言放弃的年轻人，即使困难重重，也一定会坚持到出现大逆转，所谓柳暗花明就是在坚持中创造机会的最好诠释。

大家一定还记得中国男足在北京奥运会上的糟糕表现带给球迷们的失望和愤怒。真的完全是因为我们技不如人吗？不全是如此，如果我们的队员在关键时刻能坚持踢出自己的风格、打出自己的气势，获胜的机会还是会有的。

2008年欧锦赛的一场比赛，克罗地亚和土耳其在全场90分钟的比赛中战成0比0平。看得观众都打起瞌睡了，因为结局似乎已经揭晓。但是，在加时赛进行到第119分钟时，克罗地亚克拉什尼奇头球顶空门成功，1比0领先土耳其。所有人都认为，胜利已经是克罗地亚的了。但是，土耳其队并没有放弃，他们在最后的几分钟里坚持着进攻、坚持着求胜的渴望，正是这个信念和坚持，在122分钟，土耳其攻破对方球门，不可思议地将比分扳平。

在接下来的点球决战中，土耳其依然坚持着必胜的信念，最终以3比1胜出。

不知道中国男足会不会从中有所领悟。但我相信中国球迷们，尤其是男球迷们，一定能从中明白坚持就会有机会的道理。

20世纪90年代，我国南方的一些电视机厂纷纷向泰国出口家用电视机，但是并没有出现预期的购买热潮，电视机摆在那里无人问津。很多厂商纷纷撤回国内市场，但于利勤和他的公司不甘心，决定坚持在泰国市场寻找发展机会。

当时我国生产的电视机都是根据我国人民的喜好，即使是专供出口的

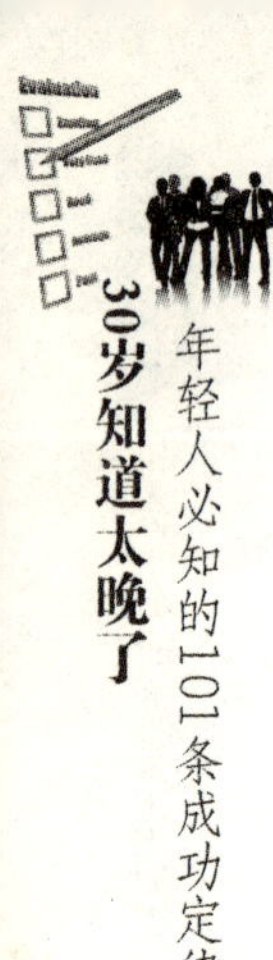

家用电视机也喜欢用红色，以增加喜庆气氛。在当地一番调查后于利勤发现，原来当地居民认为：只有救火车才用红色，给人以警惕感。而且泰国人认为，红色象征着血，红色电视机给人血淋淋的感觉，令人望而生畏。再加上在烈日炎炎的夏天，电视机摆在家里就像一团熊熊火焰，使人更觉得酷热而烦躁。这样电视机的销售额当然上不去。

于是，于利勤马上把电视机改用银灰色，可还是打不开市场。这时，有人劝于利勤不要再固执了，在损失更多以前，还是赶快离开泰国市场吧。但是于利勤依然相信电视机在泰国还是有市场的，于是坚持再尝试一下。于利勤继续寻找原因，发现泰国人崇尚佛教，死人时常焚烧锡筒纸以超度亡灵。他们认为银灰色像锡筒纸，这种颜色的电视机放在家中会招来灾难和鬼魂，不吉利。

那么，究竟什么颜色适合泰国人的口味呢？为此，于利勤一方面组织美术设计人员去泰国逛公园，想从大自然中寻找答案；另一方面派人与泰国的一家咨询公司联系，组织人员搞民俗调查，发现泰国人喜爱蓝色。于是，于利勤投其所好，将电视机颜色从深蓝色改为孔雀蓝，最终赢得泰国人的喜爱，这种电视机在泰国畅销开来。

仅一年时间，于利勤就成为泰国最大的电视机销售商，当有人问起他是如何取得今天这样的成绩的，于利勤仅仅回答了一句话："坚持就一定会有机会。"

没错，一个年轻人之所以能得到机会，有时就是因为他比别人多坚持了一会儿。

众所周知，在所有的体育比赛中，马拉松项目是最乏味的，但又是最耐人寻味的。在奥运会上，马拉松比赛往往是最后一项赛事，因为它是最能体现体育精神的项目，那就是坚持。人生就像一场马拉松赛，而且要比马拉松赛更漫长、坎坷和艰难，更需要忍耐、坚持和奋斗。但是，只要你挺住，坚持、再坚持，机会就会在不远的前方向你招手，成功也就变得水到渠成。

机会之所以难得，那是因为要为得到机会不断坚持，而能够坚持的人又寥寥无几。很多年轻人的成功不是因为运气多么好，只是因为他比其他人更懂得坚持。在坚持中等待机会的眷顾，才能收获最终的成功。

机会对每一个人都是公平的，区别就在于你是否能多坚持一下。一个年轻人要想成就一番事业，只有咬紧牙关往前走，不后退半步，别人做不到的事情，你才能做到。

一个年轻人要想成功，除了自身的努力，也离不开机会的眷顾。但得到机会就不需要努力了吗？拿破仑曾经说过："胜利属于最坚忍之人。"很多时候，机会不是没有，只是我们没有在困难面前坚持下去的勇气，最后导致与大好的机会失之交臂。

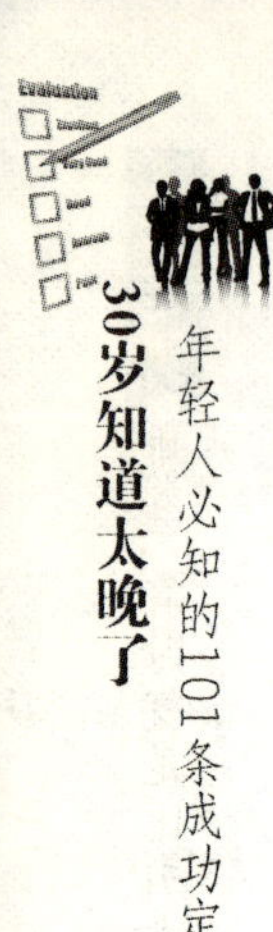

定律73：

随机应变才能把握机遇

有时候要想把握住机遇，需要我们随机应变。机遇随时随地在你的身边，关键是能否抓住，并且在机遇来临时，随机应变能力是否强。

“随机应变”说起来简单，但应用起来却并非轻而易举，因为通过随机应变抓住机遇，需要具备丰富的学识、敏锐的洞察力，能及时捕捉各方面的信息，正确展望形势发展，从而审时度势，果断决策。

清朝末年，重庆商人刘继陶赶往川北收购桐油，途中因事耽搁，迟到一步。尚未制成的桐油，早被各地蜂拥而至的油商抢购一空。刘继陶了解到当年当地桐籽大丰收，桐油的产量也将大大超过往年，桐油上市后油篓子也将变成俏货，而当地的竹篾货源却比往年减少了许多。

于是，他果断地决定改变原来的计划，将原来用做购买桐油的钱全部用来购买油篓子。天一亮，他便派出手下全部伙计四面出击，用现金订购当地所有的油篓货源。不久，桐油开始大量上市，那些手中拥有大量桐油的油商们却为购不到用于装运的油篓而万分焦急。万般无奈之下，他们只好以高价向垄断油篓货源的刘继陶购买。

如果将以上故事中的主角换做是我们，结果会怎样呢？

大多数人会因为没有订购到桐油而灰心丧气，打道回府。当时遇到同样情况的许多商人也确实选择了我们设想的道路，但刘继陶却能面对不利局面随机应变。

享有“万能博士”美誉的哈默出生于美国的一个医生家庭。他从小就显示出极高的经商天赋。他18岁时接管了父亲经营的濒临破产的制药厂，通过一番大刀阔斧的改革，在极短的时间内使其扭亏为盈，因而名声大噪。当时，他正在哥伦比亚医学院就读，成为全美唯一的百万富翁大学生。

1921年,前苏联正流行瘟疫,饥荒严重。这个消息被哈默知道后,他便毅然放弃当医生的机会,赴前苏联做人道主义者。他带领一所流动医院,包括一辆救护车和大批药品,长途跋涉,历尽艰辛,抵达莫斯科,将带去的价值10万美元的医疗设备无偿赠给前苏联人民。

就是在这次活动中,他发现了一个发财的好机会,使他从人道主义者变为沟通东西方的商人。他来到乌拉尔山地区时,看到饿殍遍野,令人毛骨悚然。然而,白金、绿宝石应有尽有,各种矿产和毛皮也堆积如山。"为什么不出口这些东西去换粮食呢,当时的美国粮食大丰收,价格大跌。"善于理财的哈默突发奇想,他马上向当地的苏维埃政府提出了这条建议,愿意以赊销的方式提供给前苏联价值100万美元的小麦。

消息传到莫斯科,列宁一方面对哈默的胆识表示赏识,另一方面果断改变了过去对待西方国家的贸易态度,并顶住了当时党内"宁可饿死也不卖国"的"左"倾思潮的压力,很快发出指示让外贸部门确认这笔贸易。哈默立即打电报给他在美国的哥哥哈里,带来100万蒲耳小麦,并从前苏联拉走了价值100万美元的毛皮和一吨西方早已绝迹的上等鱼子酱。粮食解决了前苏联的饥荒,哈默也从此开了前苏联对美国贸易开放的先河。

但世事无常,1929年,前苏联实行企业国有化,取消租让制,哈默的企业被政府收购。他只好带着无限遗憾携妻离开前苏联,回到美国。回到纽约后,正赶上20世纪30年代美国经济萧条,他的生意很不景气,真可谓生不逢时。但是,哈默总能随机应变搞经营。正像他自己所说:"我并不常常回忆过去的好事,而总想着现在和将来要干些什么。"正是因为他能面对现实,才能不断抓住机遇、创造机会。这一回,他又灵机一动,将他在前苏联收购的古董和艺术品拿到各大商场展览。在对路易斯一家公司展销的第一个星期,展厅平均每天接待2000人,收入高达几十万美元。

接着,哈默又在各大城市举办了23次展销,他的艺术品买卖就像旅行的马戏团一样令人眼花缭乱,掀起一次又一次艺术品拍卖的高潮。他还先后在纽约和洛杉矶办起艺术馆,一面展览一面从事文物买卖。由于这些艺术品非常名贵,他的艺术馆轰动一时。在短短三年间,哈默又成了一个古董商。他还专门撰写了一本书,题为《罗曼诺夫王朝珍宝寻觅记》,因而成为杰出的文物专家。此后,哈默还当过牧场主、企业家,都非常成功,他随机应变的能力令全美国人都目瞪口呆、羡慕不已。

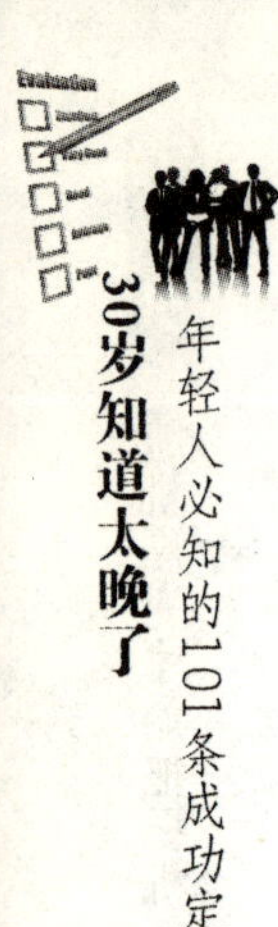

定律74：

通过进取心，创造机会

弗雷德克少年时期梦想成为一个成功的商人，由于没有什么太好的机遇，他的心中也时常显得焦躁不安。

有一天一个很偶然的机会，他发现如果将冰块加入水中，或者化为水，就可以成为冷饮。他还观察到人们在一般情况下只是在酒店或者热饮店里喝酒或饮料。到了夏天天气炎热的时候，这些酒店生意都不太好，店主也烦恼不已。他立即敏锐地发现如果在气候炎热的夏季，人们能喝上冰凉的冷饮是多么舒心的事情。

弗雷德克由于看到了一个潜在的商机，于是，他开始不断地实验创造消费。他试着利用冰块做各种各样的冷饮，并将冰块加入各种饮料中调出各种口味的饮品。经过反复试验，他终于试制出适合于多数人饮用的冷饮。

因为这些冷饮在炎热的天气下有解暑降温作用，经冰镇过的各种液体又会变得十分可口，这些饮品便立即在各个地方，尤其是那些气温高而又缺水的地区率先风靡开来。一时间，冷饮蔚然成风，并逐渐在全国各地广泛地流行。

冷饮的风行大大地带动了冰块的销售，一切都如弗雷德克所预料的那样，冰块的销售业务得到了巨大的发展，并为他带来了巨大的财富。

弗雷德克首先是一个勤奋的人，他能想到冰块带来的商机的同时一次又一次地去验证自己想法的正确性。这种动力的真正原因是他相信自己的判断，也不想错过这个机会。如果不能很好地把握了这个先机，别人就会不失时机地去争取。

探究弗雷德克成功的原因，就是他自身具有强烈的进取心。这种进取心给他带来了一个莫大的好处：他在工作时不会有那种被动的、不得已的感觉，而是表现出一种非常愉悦的心情，他的工作已经不是原来意义上的工作了，而是成为了一个极为有趣的游戏，他充满兴致地去从事它。

亲爱的年轻朋友，无论你处于社会的哪一个行业，你每天都应该使自己获得一个机会，使自己能够在本职工作之外，做一些对别人有意义的事。在你主动做这些事时要明白，你的目的并非纯粹为了获取金钱，而是想提升更加强烈的进取心。强烈的进取心是你在选择自己的终身事业时最应具备的一种优良品德。

你的明确目标可能是有一天自己当老板，或立志做个科学家、作家，这些目标或许还很遥远，但培养个人进取心是可以为人们带来许多机会的。

智者创造时机，强者抓住时机，弱者等待时机，愚者错过时机。没有一位伟人曾抱怨说，没有机会。成功人士常说："我总有机会！"失败者的借口是："我没有机会！"失败者常常说，我们之所以失败是因为缺少机会，是因为没有成功者垂青，好位置就只好让别人捷足先登，等不到我们去竞争。

可是智者决不会找这样的借口，他们不等待机会，就能稳操胜券，走向成功。无论做什么事情，即使有了机会，也需要不懈的努力，这样才有成功的希望。

不同的环境，造就不同的心态，而学会顺应规律，就会得心应手。我们可以从现在起去抓住那些机会，我们可以开始去创造我们自己的机会。如果自己不去创造机会，不积极进取，那么就很可能被社会埋没。

我们要顺应形势，顺应环境，才能不断发展。当然，顺应环境并不是说保持现状，停滞不前，我们要在大的环境下不断创新，不断进取。当下的环境或许不利于我们生存，不利于我们创业，但是我们要学会创造，创造机遇，创造环境，唯有创造环境，我们的人生才更能体现其价值。

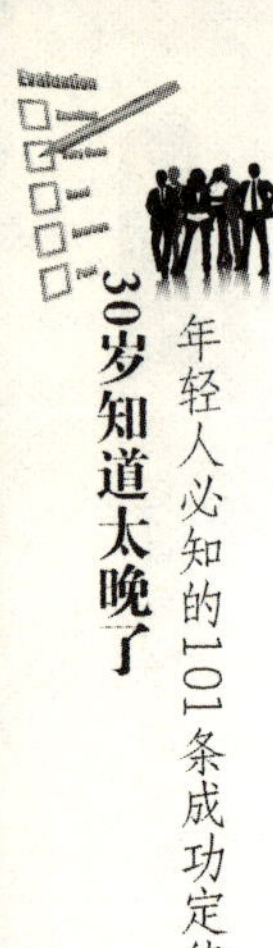

定律75：

形成并保持自己本色，这就是一种创新

有一位成功人士说，成功是一个形成并保持自己独特个性的过程。独立，是任何一个渴望成功的人必须具备的品质，也是成功必须坚持的一个原则，包括独立的经济能力、独立的人格、独立的思维等因素。

回忆一下，你有没有过这样的经历：在现实生活中，不管有意还是无意，我们每个人多多少少都在掩饰自己，尤其当我们在公众场合或者从事自己认为比较重要的事情时，表演的痕迹就愈加明显。是什么原因促使我们这么做呢？

究其原因，主要是因为我们还没有建立起自信，还没有取得足够大的成功以支撑我们保持自己的本色。

教皇保罗八世是一个非常受欢迎的人。他出身于贫苦农民家庭，而且身体肥胖，但他从不掩饰自己的身世，也不避讳肥胖的身体特点。在他当上教皇后，有一次去拜访罗马的一所大监狱，在他祝福那些犯人时，他坦诚地说他这一次到监狱是为了探望他的侄子。很多人认为他是耶稣的化身，除了他知道怎样分享别人苦乐外，一个重要原因就是他保持本色，从不刻意掩饰。

每个人都有自己特定的个性，但并不是每个人都能认识到这一点，或者即使认识到这一点，也未必马上就能确定适合自己的那种特性。因为人生在某种程度上也是一个自我创造的过程。

人是在创造自我的过程中逐步地显露个性、塑造个性和形成个性的。所以，形成并保持自己个性并不是一个容易的过程。比如，我们在成长的过程中，几乎每个人都经历过一个模仿期，尤其是从事艺术工作的人。模仿是上帝赋予我们的秉性，也是我们的能力之一。

在涉世和从业之初，模仿是可以的，甚至是必要的。因为模仿也是我们认识自我必须经历的一个过程。但是，模仿只能是一种手段，而不是目的。

上帝是以多样性来塑造这个世界的。造物生你，是让你成为真正的自己。任何雷同，都会使其中的一方失去其存在的意义，所以，你可以模仿别人，但千万不要让自己成为别人。你就是你自己，你一定要找到你自己的独特之处，造就自我，形成并保持自己的个性。

那么，年轻人如何形成并保持自己的个性、创造自己的个性魅力呢？

第一，积极塑造自我。人生不像草木，是一个自然而然的过程。人是有能动性的，人生从某种意义上来说是一个创造的过程，也就是一个创造自我的过程。所以，你一定要采取积极的态度，积极地行动，按照自己希望的那样来塑造自我，使你成为自己希望成为的那种人。

第二，接受真实的自我。这种接受包括一切缺陷、过失、短处、毛病以及我们的优势与长处，做到自我承受。当然，你一定要明白，你的这些弱点和缺陷是属于自己的，但不并等于自己有了缺点。知道自己的缺点，会使我们改正缺点的努力更具有针对性，也使我们自我进步的努力更有意义。

第三，必要时，学会脱下面具。这个问题说起来容易，但做起来很难。在现实生活中，我们总是处在表现自己和保护自己的冲突之中。

一方面，得到尊重的渴望，要求我们自我表现；另一方面，保护隐私、维护自身安全等的需要，又让我们不敢真实地展现自我。要解决这个问题，既需要有相适应的大的社会文化环境，也需要个人的努力，用成功来证实自我，保持自我。

定律 76：

踏着别人脚印走的人，永远不能发现新的路

20多岁是一个人最有创造性的阶段，因此年轻人要想成功，就应该趁着年轻、创造力旺盛的大好时机，认真做一番事业。如果这个时期循规蹈矩，那你就失去了开创事业的最佳时机。

有个人一心一意想升官发财，可是从年轻熬到斑斑白发，却还只是个小公务员。这个人为此极不快乐，每次想起来就掉泪，有一天竟然号啕大哭起来。

一位新同事刚来办公室工作，觉得很奇怪，便问他到底因为什么难过。他说："我怎么不难过？年轻的时候，我的上司爱好文学，我便学着做诗、写文章，想不到刚觉得有点小成绩了，却又换了一位爱好科学的上司。我赶紧又改学数学、研究物理，不料上司嫌我学历太浅，不够老成，还是不重用我。后来换了现在这位上司，我自认文武兼备，人也老成了，谁知上司喜欢青年才俊，我……我眼看年龄渐高，就要被迫退休了，一事无成，怎么不难过？"

可见，没有自我的生活是苦不堪言的，没有自我的人生是索然无味的，是悲哀的。要想拥有美好的生活，自己必须自强自立，拥有良好的生存能力。一个人若失去自我，也就失去了做人的尊严，就不能获得别人的尊重。

从前，有一个士兵当上了军官，心里甚是欢喜。每当行军时，他总是喜欢走在队伍的后面。

一次在行军过程中，有人取笑他说："你们看，他哪儿像一个军官，倒像一个放牧的。"

军官听后，便走在了队伍的中间，这时又有人讥讽他说："你们看，他哪儿像个军官，简直是一个十足的胆小鬼，躲到队伍中间去了。"

军官听后，又走到了队伍的最前面，又有人又挖苦说："你们瞧，他带兵

打仗还没打过一个胜仗，就高傲地走在队伍的最前边，真不害臊！”军官听后，心想：如果什么事都得听别人的话，自己连走路都不会了。从那以后，他想怎么走就怎么走了。

由此可见，人要是没了自己的主见，经不起别人的议论，那么就会一事无成，最后都不知该怎么办。我们若想活得不累，活得痛快、潇洒，只有一个切实可行的办法，就是改变自己，主宰自己，不再相信“人言可畏”。

我们每个人绝不可能孤立地生活在这个世界上，很多的知识和信息来自别人的教育和环境的影响，但你怎样接受、理解和加工、组合，是属于你个人的事情，这一切都要独立自主地去看待，去选择。

谁是最高仲裁者？不是别人，而是你自己！歌德说：“每个人都应该坚持走为自己开辟的道路，不被流言所吓倒，不受他人的观点所牵制。”让人人都对自己满意，这是不切实际、应当放弃的奢望。

我们周围的世界是错综复杂的，我们所面对的人和事总是多方面、多角度、多层次的。我们每个人都生活在自己所感知的经验现实中，别人对你的看法大多有其一定的原因和道理，但不可能完全反映你的本来面目和完整形象。别人对你的态度或许是多棱镜，甚至有可能是让你扭曲变形的哈哈镜，你怎么能期望让人人都满意呢？

如果你期望人人都对你看着顺眼，感到满意，你必然会要求自己面面俱到。不论你怎么认真努力，尽量去适应他人，也不能做得完美无缺，让人人都满意？这种不切合实际的期望，只会让你背上一个沉重的包袱，活得太累。

人活着应该是为充实自己而努力奋斗，而不是为了迎合别人的意旨，一味打发日子。每个人都应该坚持走为自己开辟的道路，要知道：踏着别人脚印走，永远不能发现新的路。

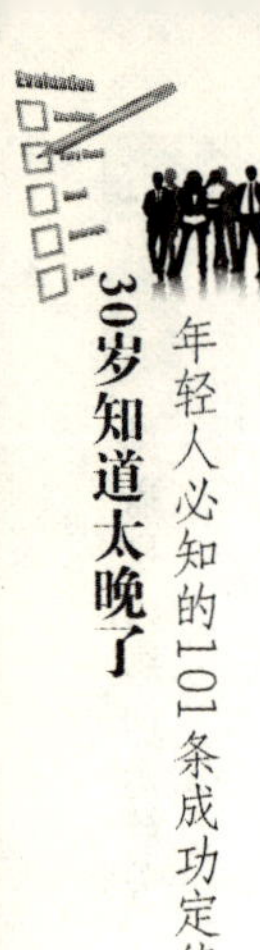

定律 77：

当捷径人满为患时，不妨绕点弯路

美国的哈佛大学要在中国招一名学生，这名学生的所有费用由美国政府全额提供。考试结束了，有 30 名学生成为候选人。考试结束后的第十天，是面试的日子。

30 名学生及其家长云集在上海的锦江饭店等待面试。当主考官劳伦斯·金出现在饭店的大厅时，一下子被人们围了起来，他们用熟练的英语向他问候，有的甚至还迫不及待地向他作自我介绍。这时，只有一名学生，不知是站起来晚了，还是什么别的原因，总之，没来得及围上去。

正当他站在那儿，不知如何是好时，他看到劳伦斯·金的夫人被冷落一旁，于是就走上前去和她打招呼。他没有作自我介绍，也没有打听面试的内容，而是问她对上海的感觉。就在劳伦斯·金被围得水泄不通，不知如何招架的时候，他们两人在大厅的一角，却聊得非常投机。这名学生在 30 名候选人中，成绩不是最好的，可是，最后他被劳伦斯·金选中了。

这件事在中国曾引起不小的震动。有的说，他太幸运了。有的说，他太有计谋了。还有的说，劳伦斯·金简直是个傀儡。然而，不论世人如何看待这件事，在这个世界上有这么一种现象，谁都无法否认和忽视，那就是：当捷径上人满为患的时候，不妨绕点弯路，这样也许能更快地到达目的。

很多人估计都有过这样的经历：做某件事，按照正确的方法、方向去做，走直的路，怎么努力，总是跨不过去，卡在半中间，结果是前功尽弃，以惨败告终。但是，如果脑袋拐个弯，让自己走弯路，障碍就能跨过去了，事情就能做成了，尽管代价不菲。但是，权衡利弊，做成功的代价总是比失败小许多。而这方面，古人也留下了相当多的智慧，例如：围魏救赵等，皆是走弯路走出成功的案例和经验。

通常，在通向成功的道路上，每个人都在努力寻找一条很快到达的通道，但是实际行动起来却发现很多事情总是事与愿违——我们不能很快地到达目的地。这时候我们该怎么办呢？

有时候，通往成功除了走捷径之外，走弯路也是一种策略。这就是说，尽管我们都明白走捷径是正确的教诲，但人生有许多事情总是事与愿违，于是，在通向成功的道路上有时你也可以走一点弯路。

值得提醒的一点是，在思维方式中学会走弯路并不是什么人生方向和态度的问题，而是一种策略——以退为进，这只是技术性问题。这好比要去某地办理一件至关重要的事情，而且只有一条直路通往某地，走到半路，一块巨大的石头挡住了你的去路，怎么办？你是秉持走正路，勇往直前，把自己撞得头破血流，倒在血泊中？还是掉头回去，天大的事情也不办了，就让天塌下来？或者你抬脚，绕开巨石，多走许多艰难的冤枉路，但终究走到了目的地，办成了重要的事情？

相信聪明的人都会选择后者，因为你必须克服路上的障碍，不可能总是一帆风顺。当你牢牢把握住自己奋斗的目标，就没必要过于心急。在你通向成功的道路上，如果遇到了没有预料的问题时，要根据实际情况用新的角度和定义来衡量，当捷径走不通时，不妨走走弯路。切记，走弯路前一定要反复衡量利弊，要确定代价能够承受。而且自己能够把握住路的方向——不会从弯路走到歪路。

这么说来，是不是每件事情都需要走弯路？或者说走弯路更能走得通？都能很快的速度到达人生的目标呢？当然不是！走弯路是在确定了正确的人生目标之后，而这条道路上又人满为患时，用来补救的一种方式。所以，必须记住——盲目的弯路千万不能走。同时我们也要时刻告诉自己——每个人的一生，总是要经历或多或少的弯路，这是人生必须跨越的坎！

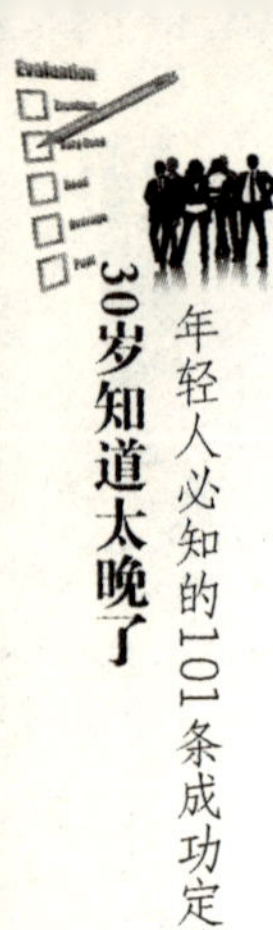

定律78：

每天的小创意促成大飞跃

所谓创意就是开拓思路，不断创造新点子，从而出奇制胜，获得意外的成功和收获。有人说，生意人就是一些“生出主意的人”。同样，成功者应该是会“开发创意的人”，也应该是“创造奇迹的人”。创意并非都属一流，奇迹也并非统统都能实现。即便如此，仍应鼓励自己和别人大胆推出与众不同的好创意。“美国氢弹之父”泰勒几乎每天有十个新想法，其中可能九个半不正确。然而，他就是靠许多“半个正确”的创意，不断创造成功的奇迹。

迄今为止，众多优秀且聪明的人才进入了京瓷公司，也正是这些人才，以为公司没有前途而辞职。所以，留下来的都是不太聪明、平凡的、无跳槽才能的愚钝的人才。但是，这些愚钝的人才在十年、二十年后都晋升为各部门的干部或是领导。这样的事例多不胜举。

那么，究竟是什么使像他们这样平凡的人变成了非凡的人才呢？是孜孜不倦、默默努力的力量，亦即脚踏实地度过每一天的力量，是坚持积累每一天的力量，或者说是坚持使平凡变成非凡。

不选择轻松的近路，而是一步一步拼命、认真、踏实地积累。变梦想为现实，成就心中理想的，正是这些非凡的凡人。

要想有新的创意，坚持很重要，并不意味着坚持是“相同的重复”。坚持和重复是两码事。不是漫不经心地重复昨日，而是明天比今天，后天比明天，必须前进，哪怕是一点点的进步与改善。这样的“创意精神”能够加快靠近成功的速度。

举一个简单的例子，比方说扫地，从各个角度思考如何做才是更快更干净的方法，把一直以来所用的扫帚换成拖把怎么样呢？或者向上司申请若干费用，买一台吸尘器如何等等。另外，在打扫的顺序和做法上也有工夫可做。这样就能把事情做得更漂亮、更有成效一些。

对于细小的事情，想方设法进行改良的人和没有这样做的人，从长远地看，将产生惊人的差距。就拿扫地这个事例来讲，每天反复琢磨如何扫得更干净，更快捷的人也许会独自成立承包清洁的公司并担任经理。与此相对，得过且过懒得想办法的人一定依然每天继续扫地工作。

在昨日努力的基础上再稍加改良，今日要比昨日有进步，即使只有一小步。这种从不懈怠、坚持到底的态度，将终会与他人拉开巨大的差距。决不走同一条路，是走向成功的秘诀。

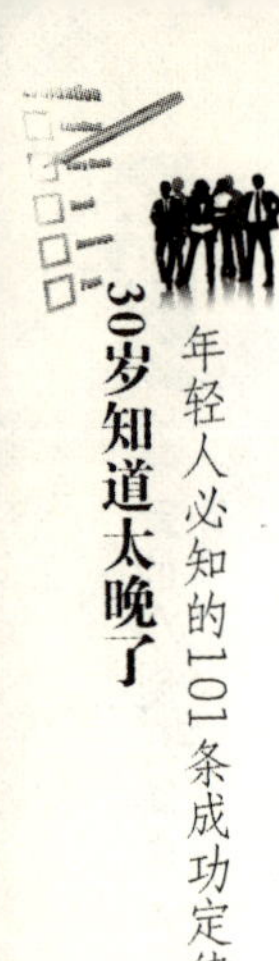

定律79：

创新就是打破陈旧的习惯

《伊索寓言》里的一个小故事为创新下了一个形象的定义：

一个暴风雨的日子，有一个穷人到富人家讨饭。

“滚开！”仆人说，“不要来打搅我们。”

穷人说：“只要让我进去，在你们的火炉上烤干衣服就行了。”仆人以为这不需要花费什么，就让他进去了。

此时，这个可怜人请求厨娘给他一个小锅，以便他“煮点石头汤喝”。

“石头汤？”厨娘说，“我想看看你用石头究竟能做出怎样的汤。”于是她就答应了。穷人于是到路上拣了块石头洗净后放在锅里煮。

“可是，你总得放点盐吧。”厨娘说，她给他一些盐，后来又给了他豌豆、薄荷、香菜。最后，又把能够收拾到的碎肉末都放在汤里。

当然，您也许能猜到，这个可怜人后来把石头捞出来扔在路上，美滋滋地喝了一锅肉汤。

如果这个穷人对仆人说：“行行好吧！请给我一锅肉汤。”会得到什么结果呢？因此，伊索在故事结尾处总结道：“坚持下去，只要方法正确，你就能成功。”

很多时候，阻碍我们成功的，往往不是我们未知的东西，而是我们已知的东西。

由此可见，创新意识是随时随地都可以进行的。创新并不需要天才，创新只在于打破旧习惯，找出新的可以改进的方法。任何事情的成功，都是因为找出了一种把事情做得更好的方法。

有一个成年人不会骑自行车，他看到一个小孩子正在骑，羡慕地对小孩说：“小孩子身手敏捷才会骑车。”没想到小孩子却对他说：“不一定要身手敏捷才能骑车。"于是，这个小孩开始教这个成年人骑车，而成年人也很快就学会了。当成年人愉快地与这个小孩道别回家时，却仍然习惯性地推着车走路回家——他没有跳出习惯性思维的框框。

许多人并不缺乏勤奋，也不缺乏知识，但却一事无成，其原因就在于缺乏创新精神。而那些成功的人，则敢于突破常规，大胆创新。如美国人发明了不用针线而借高频超声波振动缝合衣服的缝纫机，英国人生产出了不用弹簧而用一种液体的沙发，一些国家推出了不用交流电而用太阳能做动力的冰箱，这都是打破常规的结果。

过去搬运预铸房屋的组装零件时用的是卡车，到达工地后，司机不是待在那里无所事事，就是驾驶空车子回来，再派起重机车前往工地从事作业。对此，所有的人都司空见惯，没有想到应该改变这种非常不合理的状况。

但是，日本产业输送开发公司的白井董事长却认为这种作业方式非常浪费时间和人力。为此，他想："卡车并不只是为搬运东西而存在的，卡车是要直接参加作业的。"然后，他就集中精力去研究，终于做出卡车和起重机两用的"超长车身起重卡车"。

这种车子可搬运货物，同时可举起超重的东西，一身二用，能节省司机、工人和时间。

有一个外国故事，说的是一个国王没有儿女，但他喜爱食物和才智。他作出这样的许诺，不管是谁，若是能够制造出同时既热又冷的最美味食品，他就把他的王位继承权转交给他。绝大多数人都被这个明显的悖论所难倒。

而有一位肯动脑筋的人最终获胜，不但得到了挑剔的国王的赞赏，也获得了王位。他所创造出来的食品就是我们现在许多人都爱吃的热奶油巧克力冰激凌。

因此，只有敢于打破常规、具备丰富的创造力和想象力的人，才能赢得这个王位。这个故事再一次证明，只要你能不受传统想法的约束，多动脑筋，就必定会有意想不到的收获。

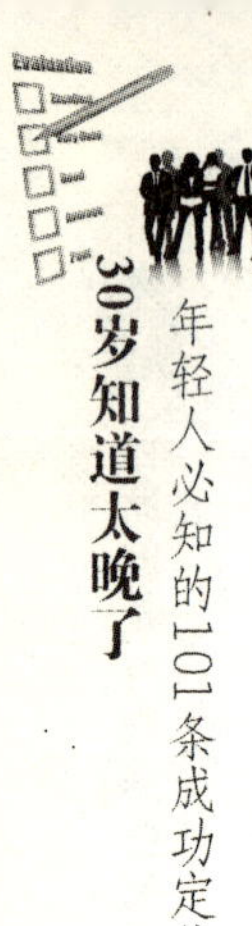

定律80：

适者生存，做人的观念要新

看过一篇题目叫《父亲难当》的文章：

“我小的时候，凡事都要听父母的，因为父母的人生阅历比我丰富。可是，这个时代真的一切都变了。有一次回家，看见儿子正在摆弄电脑，我也去凑热闹。结果儿子对我说：‘这个，你不行。’话虽十分简单，但是蕴含的意思却让我难以接受。虽然从发展的角度看，一代比一代强是十分正常的，但是变化这么快，让人无法适应。

的确，我在单位有时也用电脑，但那也只是把电脑当作打字机而已。现在，有机会上网了，结果好多东西看不懂，一些英文的网址也叫人头疼。儿子在这方面就比我强多了，电脑弄得十分熟练，有时间就泡在电脑前，对网络和电脑软、硬件比我内行得多。在单位时，一旦机器出了故障，总要同事来帮忙；在家，只要儿子在，就能帮我解决问题，虽然他才高中一年级。说心里话，儿子的成长让人宽慰，但也让人紧张。过去父母有权威，因为父母见多识广，可是现在，儿女却比父母强。再过上几年，我还有没有资格指导儿子都是一大问题。”

其实，这位父亲是非常清楚的，在未来的日子里，他不管是在儿子面前，还是在其他人面前，都是没有权威可言的了，因为他在发展的时代面前落伍了，被淘汰了，若再不迎头赶上，生存的质量必然要受到威胁。

因此，在当今这个适者生存的社会，要想获得成功，就要善于变通，做人不能一根筋。有时候坚持固然是好事，但是千万不能太过，否则，就成为了固执。在别人的意见确实合理，也确实对自己有利时，我们一定要学会接受。

导致固执己见的原因有两个：首先，对安全与持久的考虑可能让你固守自己的看法。你感到不稳定，而且心理上也没有安全感，于是你寻找一成不变的感觉，让自己感到稳定。其次，你需要找到自己能够认同的东西，只有这种认同才能让你意识到自我的存在。寻求认同的结果是，一旦你做出了决定，你就不愿改变自己的主意，改变主意就等于是对自我的威胁。事实上，质疑你的想法等于质疑你自己，谁都不想这样做。

那么怎样才能克服固执己见的坏毛病呢？你可以分三步去试试。

第一，确定你是谁。

每个人都有自己的特性，而你也不例外——你只需要在内心进一步确认它。这里有一个有趣的练习，它能让你准确地锁定目标。假设一个外星人走近你并且问："你是谁？"进一步假设这个好斗的外星人规定你必须得讲至少一个小时，否则他会武断地认为你这个人很无聊，应当立刻被灭除。你会说些什么呢？

在纸上写出你的答案或者对着录音机讲，越多越好。尽可能深入地回答这个问题。除了你的姓名、年龄、出生日期外，还有什么让你成为一个活着的、能呼吸的有思维的人？你还记得小时候听过的故事吗？你每天都想些什么？你最喜欢的英雄或者神话人物是谁，原因是什么？你认为自己为地球人能做些什么？让那个外星人为没有出生在地球上而嫉妒不已！如果你无话可说了，就开始谈谈你想成为什么样的人，一定要让外星人明白理想对人类的重要性。

第二，进入一个与自我相对陌生的领域。

固执己见的人总是不愿接受任何事情，但是他却非常渴望吐露自己内心的感受——比如自己的意见。一个真正自信和有安全感的人乐于听取新的观点和信息，并且将它们融合在自己的实际行动中。得到大量的信息和观点不会损伤你的特性——你在建立自己的特性。

当前，找出一个你不知道的领域，然后试图闯入。比如，假设你是一个律师，而你对海洋学知之甚少，去图书馆，或者到网上查阅资料，开始自学。或许你能为环境保护做出贡献，或许你能享有环保律师的美名呢！

第三，就是要能用别人的眼睛看问题。

从别人的角度看问题，这恐怕是治疗固执的最好办法了。读一本观点与你的老观念完全不同的书，或者更好的办法是找一个愿意在一天之内被你"影响"的人。这个人可能是你的配偶、同事、老板、亲友、警察、一个陌生人或者街上的流浪汉。

当你经历了这个过程之后，你对生活会产生不同的看法。你不仅会更欣赏别人、更尊重别人，而且你也会更强烈地意识到自己的特性，而你也不会再将固执与力量混为一谈。相反，你将乐于成为一个心胸真正开阔的人，从生活中学习并且受益。

总之，改掉固执己见的坏毛病，是我们必须修炼的一门功课。如果不改，我们将始终生活在郁闷之中，别说成功，就连正常人的豁达心态都无法拥有。

定律 81：做一个有心人，创造力就会无限展开

很多时候，通往成功的道路上，不是缺少创意，不是缺乏发现，而是缺少善于发现，善于创新的思维和眼光。

1831 年，曾以成功进行人工合成尿素实验而享誉世界化学界的德国著名化学家维勒，收到老师贝里齐乌斯教授寄给他的一封信。

信是这样写的：

从前，一个名叫钒娜蒂丝的既美丽又温柔的女神住在遥远的北方。她究竟在那里住了多久，没有人知道。

突然有一天，钒娜蒂丝听到了敲门声。这位一向喜欢幽静的女神，一时懒得起身开门，心想，等他再敲门时再开吧。谁知等了好长时间仍听不见动静，女神感到非常奇怪，往窗外一看：原来是维勒。女神望着维勒渐渐远去的背影，叹气道：这人也真是的，从窗户往里看看不就知道有人在，不就可以进来了吗？就让他白跑一趟吧。

过了几天，女神又听到敲门声，她依旧没有开门。门外的人继续敲。

这位名叫肖夫斯唐姆的客人非常有耐心，直到那位漂亮可爱的女神打开门为止。女神和他一见倾心，婚后生了个儿子叫"钒"。

维勒读罢老师的信，唯一能做的就是一脸苦笑地摇头。

原来，在 1830 年，维勒研究墨西哥出产的一种褐色矿石时，发现了一些五彩斑斓的金属化合物，它的一些特征和以前发现的化学元素"铬"非常相似。对于铬，维勒见得多了，当时觉得没有什么与众不同的，就没有深入研究下去。

一年后，瑞典化学家肖夫斯唐姆在本国的矿石中也发现了类似"铬"的金属化合物。但他并不是像维勒那样把它扔在一边，而是经过无数次实验，

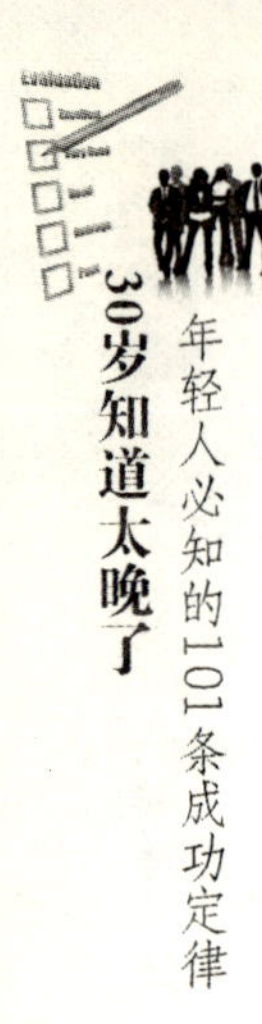

证实了这是前人从没发现的新元素——钒。

维勒因缺乏主动精神，把一重大发现拱手让给了别人。

其实，无论是在生活中还是在工作中，如果你想成功，想取得卓越的成绩，你就必须主动去开发自己的创造力。你在不经意间的一点小小的改变，也许就能获得意想不到的结果。

查理是诺基亚公司手机研发部的一名职员，最近几天他看起来有些闷闷不乐。同事见他一副眉头紧锁的样子就开玩笑道："查理先生哪儿都好，就是太不知足了。你也不想想，咱们研发部，只要完成了公司下达的研发任务，薪水就能比生产和销售部拿得多很多，该高兴才是啊！"

另一个同事也嘻嘻哈哈地接口道："这次的任务只是改进一下机型，这么简单的任务哪能难住我们的天才查理先生啊！"

查理说："我不是为了薪水想不开，也不是为了公司派给的任务，我是在想，我们整天坐在研究室里，除了完成上面派给的任务，改进一下机型，就什么事也不做了。现在手机市场竞争这么激烈，我们能不能主动做一些工作，为公司拿出些新颖的创意。"

同事无奈地说："嗨，查理，别痴人说梦了！现在诺基亚手机已经是世界著名品牌了，不管是技术性能，还是外观形象，都早已深入人心了，还上哪里去找创意？"

尽管同事们说得有些道理，但查理还是暗下决心：我一定要在完成公司任务的基础上，主动而努力地去开发，让公司在自己的辛勤工作中有一个质的飞跃！

有了这个非同一般的目标和想法以后，查理寝食难安，每日除了完成公司下达的任务，满脑子都在考虑如何让诺基亚手机更符合消费者的需求。

一天，在地铁里他有了一个惊人的发现：几乎所有的时尚男女都有手机、一次性相机和袖珍耳机。

这给了他很大的灵感：能不能把这三种最时髦的东西组合在一起呢？果真如此的话，不是变得既轻便又快捷了吗？

第二天，查理马上找到主管，对他说："如果我们在手机上装一个摄像头，让人们在听音乐的同时，把自己和外面他能见到的所有美好事物都拍摄下来，再发送给亲友，该是多么激动人心的事啊！"

主管被他的创意惊喜得高声叫道："好样的，查理，我们马上就按你的想法着手研制！”

在查理的带领下，具有拍摄和听音乐功能的手机很快研制成功了。新款手机一推向市场，就大受青睐。

故事中，查理通过自己的创意，不但实现了自身的价值，而且，他还得到了应有的奖赏。更重要的是，在实现目标的过程中，得到了从未有过的快乐，这就是做个有心人带来的成功！

20来岁的年轻人，在生活或者工作中，我们要做个有心人，要充分调动自己的积极主动性，只要多一点主动性，相信我们的创造力就会无限地展开，脑海里的新点子也会层出不穷的。

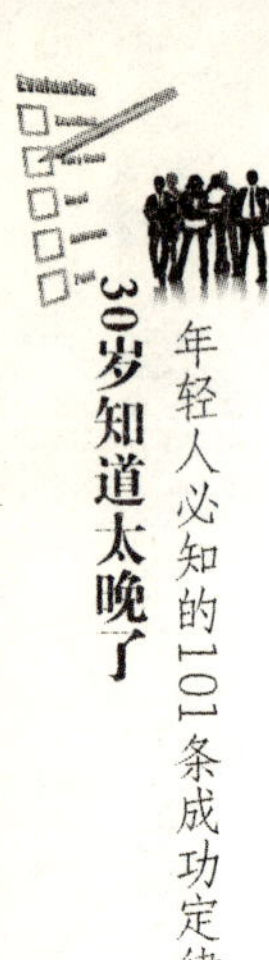

定律82：

努力解禁，在挫折中寻求突破

每一个年轻人都要做这样的强者和勇士！面对苦难，永远不能低下高昂的头，而要把它当作一种对自己的磨炼。孟子说："天将降大任于斯人也，必先苦其心志。劳其筋骨，饿其体肤，空乏其身，行拂乱其所为，所以动心忍性，曾益其所不能。"事实正是如此，老天欲赐给你大成功，必先给你大磨难！你只有突破了这些障碍，才能成就自己辉煌的一生。

其实在生命中，什么为苦？什么是难？根本用不着去解释，重要的是如何去战胜苦难。白居易幼年读书读得"口舌生疮"，写字写得"手肘成胝"，这是苦，但他却成为了唐代大诗人；曹雪芹"举家食粥"也苦，但他在岁月的苦难中写出了中外驰名的巨著《红楼梦》；历史上如果周文王不能忍受被拘禁的苦难，那么他就不会有流传千古的《周易》；屈原不是被放逐，就不会有《离骚》的传世；孙膑被处以膑刑后，才励精图治写出了《孙子兵法》这部著作。

这些人的经历无不证实着苦难中所蕴藏的力量。这种力量是那么神奇，足以改变我们每个人的一生。正因如此，在我们面对苦难时。永远不能一蹶不振，更不能甘心就此碌碌无为地终了一生。而是要勇于面对生活中的苦难，在苦难面前抬起头，积极勇敢地面对生活，去不懈拼搏，方能实现自己的人生价值，为自己的人生添上亮丽的色彩。

人生不如意者十有八九，凡是遭遇挫折的人，皆称其谓苦难的人生。然而苦难正是一种美德，坎坷生智慧，磨难生坚强，正如失败孕育着成功一样。谁的生命里不想拥有一片蓝天白云？人生中谁不想拥有祥和宁静？谁不想憧憬着完整完美？可是，命运往往喜欢捉弄世人，你不想得到的不期而遇，憧憬的、想挽留的却在不经意间流失。苦闷和哀伤，纠缠得使你挥之不去，这就是苦难。年轻的我们一定要学会在艰难困苦中寻找突破，让自己的人生在苦难中得以升华。

在某种程度上，我们应该感谢苦难，因为苦难的存在、赐教，使我们领悟了世间的冷暖悲切，感知了世间的真善美，品尝了苦难方知甜的滋味。苦难扩充了豁达，在对比中感知了美德。在懦弱中增加了力量。如此我们战胜的仅仅是苦难吗？不！重要的是认识了自我。命运改变不了现实，但是它能让你锻炼自我、战胜自我。

一个人生命中的苦难好似是黎明前的黑暗，挺过来，眼前就是朗朗的晴空、融融的春天。失去的已不再复来，刻在心灵的伤疤已被岁月修复！要避开“千人一面，万众趋同”。

苏州园林之所以能经久不衰，完全是因为它与众不同的个性，才得以让游客仰慕。同样道理，每一个20来岁的年轻人，也应该明白——做人，你应该拥有自己的个性，不要跟别人一样的面孔，一样的声音。

韩寒，提起有个性的人才，很容易就让人想起他。玩世不恭、叛逆尖锐，个性在他的生命中才是第一位的。但是，正当大家都认为他一定会在文学道路上走很远，要一展才华的时候，韩寒却又选择了赛车，这不禁让天下人大跌眼镜！

也许这一切变化得太突然，让世人还没有做好心理准备。就是这样，韩寒用自己与众不同的个性、不断的努力告诉大家——人生没有平庸，只有不能不突破的自己！

怪不得许多年轻人将韩寒当做精神偶像，其实这在某一方面说明了他们自身在觉醒、在成熟。哪怕在这成长过程中，很多事情做得过头了一些都可以谅解。毕竟，这远比那些丝毫没有个性。总是人云亦云，甚至连这方面意识都没有的人要好得多。

总有一些喜欢跟随别人的人，看到别人穿这件衣服好，急忙去问别人在哪里买的，自己也要去买，看见别人的QQ秀有特点也要来学。只要是他认为别人的东西或是饰品好看就急忙买回来，来装扮自己。但是他没有想过现在是追求个性的时代，追求自我的时代，没有看到现在许多的服饰店里，每件衣服就只有一件吗？这就是未来的趋势。

人不能总是跟在别人的后面，不能总去跟随潮流，而是要自己去创造一种潮流。别人什么样，你就什么样，那样的人生还有什么特点？生活还有什么意义。90后的一代本来就是有个性的一代，坚决不能陷入到这样的一个

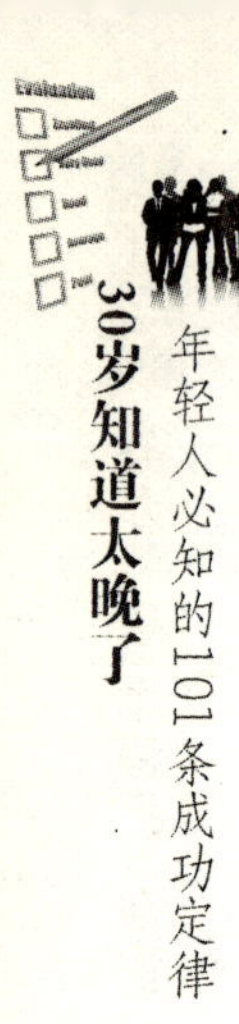

怪圈当中去。

王阿姨的孩子今年高考前找到我，说是让我来帮孩子想想，什么专业好，就业前景好，听说前几年计算机专业挺好的，现在还行吗？

其实最重要的不是什么专业而是你对哪个方面感兴趣，哪个领域可以最大限度地调动你的积极性，使你在这个学科有最大的发展，而不只是一味地去迎合这个社会和市场。那样的你，只会因为自己缺乏个性而丧失未来。

当别人想用自己的意志让你改变时，你应该大声地告诉他——我就是我，我有自己的个性和特点，我不要走在别人的世界里，活在别人的眼光里！

曾经有记者问艺人周杰伦，你需要改变吗？

周杰伦回答：我不需要改变，因为我就是周杰伦！

是呀，一个人就是他自己，充满着棱角和个性。有自己的特点，走自己的道路，不盲从，不跟随，我就是我！要这样大声地喊出来，每天都要对自己这样讲。那样的你才是真的你，才会在未来的道路上取得成功！

莫让思维定式束缚住你的头脑

美国社会心理学家海斯洛认为，个体最近获得的信息、最后形成的印象对其认知有强烈的影响，即所谓的近因效应。与首因效应（第一印象）相反，近因效应是指在多种刺激出现的时候，印象的形成主要取决于后来出现的刺激。交往过程中，我们对他人最近、最新的认识占了主体地位，掩盖了以往形成的对他人的评价。因此，也称为“新颖效应”。

这个“新颖效应”也就是我们常说的思维定势。思维定势是一种常见的现象，在成人世界中，这种现象表现得很突出也很常见。

在观看马戏表演时我们会发现，巨大的大象，往往能安静地被拴在一个小木桩上。事实上，大象的鼻子能轻松地将一吨重的东西抬起来。如果它想逃走，只需要用点力气就能把木桩拔起！

那么，为什么它不懂得这样做呢？原来，大象从幼小无力时开始，就被沉重的铁链拴在木桩上，当时不管它用多大的力气去拉，这木桩对它而言，都太过沉重，自然拉动不了。随着幼象长大，力气也变大了，但只要被拴在木桩旁边，它还是不敢妄动。

这就是思维定势。长大后的大象，其实可以轻易地将木桩拉起来，但由于幼时的经验一直留存下来，所以它习惯地认为木桩“绝对拉不动”，所以不再去拉扯。

反观人类，竟也有类似情况。人类虽然被赋予“头脑”这一最强大的武器，但人们总是会受到习惯和常规思维的束缚，而经常不敢突破思维定势，因此往往难以找到解决难题的出路。

有这样一个故事：在一个茶馆中，一位公安局长正在和一个老头儿下象棋，突然，一个小孩跑了进来对公安局长说：“快回家吧，你爸爸和我爸爸吵

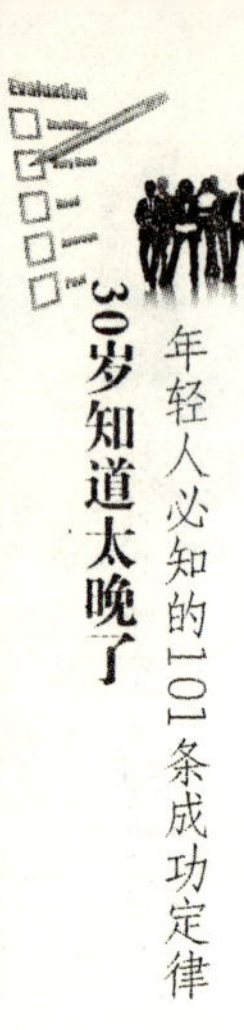

起来了。”老头问公安局长：“这孩子是你什么人？”局长说：“这是我的儿子。”那么，请问这两个吵架的人和局长是什么关系？有人拿这个问题问了100个人，令人遗憾的是只有两个人答对了。

相信有很多人在初次看到这个问题时，也会束手无策。但如果你仔细思考和推理，事情并不复杂。这个下棋的公安局长是个女局长，自然是孩子的妈妈，吵架的是孩子的爸爸和孩子的外公。而在许多人的心目中，公安局长被认为是男性，再加上茶馆、下棋的老头儿这些干扰因素的存在，人们更不容易联想到公安局长是个女的。

再来看这样一个小游戏，由两道问题组成。第一个问题是先请被测试人快速说十遍“木兰花”，然后突然发问：“古代代父从军的是谁？”许多人这个问题都能答对；而到了第二个问题，请被测试人说十遍“亮月”，然后发问道：“后羿射下的是什么？”“月亮！”十之八九的被测试人脱口而出，待几秒钟后方惊呼上当。

本是烂熟于心的最简单的常识，为什么会答错呢？第一个问题布置好了圈套，被试人由第一题的答案得出了结论，认定只要将自己口中所说的内容颠倒一下顺序即可。思维定势一旦形成，就难排其扰，人们往往就顺着它的思路走下去。待到反应过来，哑然失笑。

这两个例子说的都是思维定势作怪的现象。

思维定势是束缚和禁锢我们头脑的一种思维方式，要想让自己的头脑变得灵活，就必须要学着摆脱思维定势，养成多维思考的习惯，不墨守成规，不迷信权威，不迷信书本，坚持从实际出发，勇于在实践中探索。只有这样，创新的火花才会在突破思维定式的那一刻迸发而出。

人生的成功，不只是事业的成功，生活的成功也是重要的一面。相对于事业而言，生活更加多姿多彩，因为生活是情绪化的。在生活领域里，人的动机除了理性的因素外，感性的因素更占重要的部分。

转个弯来思考,就会有新的创意

很多时候,我们为了解决问题,直走不通,就不妨绕个弯;前进不得,亦可暂退一步,问题的解决往往只需要你转个弯思考它而已。

在现实生活中,当人们解决问题时常会遇到瓶颈,这可能是由于人们只在同一角度停留造成的。如果能改变一下自己的思维方式,情况就会改观,创意就会变得有弹性。记住,任何思想只要能转换角度,就会有新的创意产生。

假如一个人通过一种方式可以有100%的机会赢80块钱,而通过另一种方式有85%的机会赢100块钱,但是也有15%的机会什么都不赢。在这种情况下,这个人会选择最保险安稳的方式赢80块钱而不愿冒一点险去赢那100块钱。可如果换一个角度来设定这个问题,一个人有100%的机会输掉80块钱,另外一个可能性是有85%的机会输掉100块钱,但是也有15%的机会什么都不输。这个时候,人们都会选择后者,赌一下,说不定什么都不输。

这个例子使我们明白,平时人们之所以不能创新,或不敢创新,常常是因为我们从惯性思维出发,以至顾虑重重,畏手畏脚。

而一旦把同一问题换一个角度来考虑,就会发现很多新的机会,新的成功。

爱因斯坦说:"把一个旧问题从新的角度来看需要创意的想像力,这成就了科学上真正的进步。"许多最有创意的解决方法都是来自于换一个角度想问题,甚至最尖端的科学发明也是如此。比如,著名的化学家罗勃·梭特曼发现了带离子的糖分子对离子进入人体是很重要的。他想了很多方法来证明,都没有成功,直到有一天,他突然想起不从无机化学的观点,而从有机化学的观点来看这个问题,才得以成功。

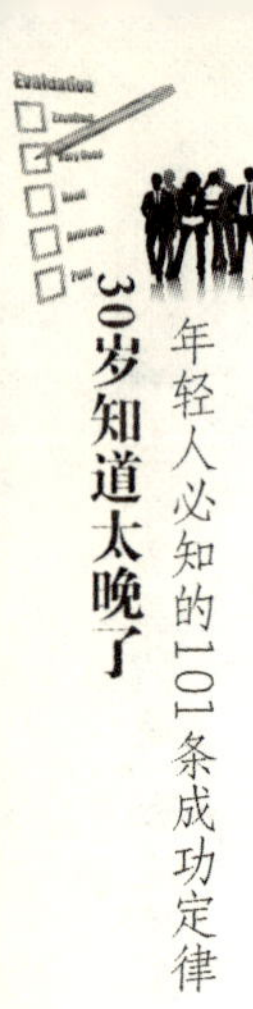

同样对于生活在现实社会中的普通人，如果能换一个角度想问题，有时所取得的成效也不亚于科学家们的新发明。

麦克是一家大公司的高级主管，他面临一个两难的境地。一方面，他非常喜欢自己的工作，也很喜欢跟随工作而来的丰厚薪水。他的位置使他的薪水只增不减。但是，另一方面，他非常讨厌他的老板，经过多年的忍受，他发觉自己已经到了忍无可忍的地步了。在经过慎重思考之后，他决定去猎头公司重新找一个别的公司高级主管的职位。猎头公司告诉他，以他的条件，再找一个类似的职位并不费劲。

回到家中，麦克把这一切告诉了他的妻子。他的妻子是一个教师，那天刚刚教学生如何重新界定问题，也就是把你正在面对的问题换一个角度考虑，把正在面对的问题完全颠倒过来看——不仅要跟你以往看这问题的角度不同，也要和其他人看这问题的角度不同。她把上课的内容讲给了麦克听，麦克也是高智商的人，他听了妻子的话后，一个大胆的创意在他脑中浮现了。

第二天，他又来到猎头公司，这次他是请公司替他的老板找工作。不久，他的老板接到了猎头公司打来的电话，请他去别的公司高就，尽管他完全不知道这是他的下属和猎头公司共同努力的结果，但正好这位老板对于自己现在的工作也厌倦了，所以没有考虑多久，他就接受了这份新工作。

这件事最美妙的地方，就在于老板接受了新的工作，结果他目前的位置就空出来了。麦克申请了这个位置，于是他就坐上了以前他老板的位置。

在这个故事中，麦克本意是想替自己找份新工作，以躲开令自己讨厌的老板。但他的妻子让他懂得了如何从不同的角度考虑问题，结果，他不仅仍然干着自己喜欢的工作，而且摆脱了令自己烦恼的老板，还得到了意外的升迁。

所以说，在面对问题时，不能只从问题的直观角度去思考，要不断发挥自己智慧，从相反的方面寻找解决问题的办法，这样就会使问题出现新的转折。

只要善于换个角度思考问题，从错误中找正确，就能在遭遇危机时扭转局面。

当我们感到困惑或尴尬时，当我们无能为力时，不能总是按老规矩、老习惯、老脑筋去做，而是要多考虑考虑，能不能从另一方面入手，能不能换一种思路，能不能从另一个角度思维，能不能改变一下固有的做法。只要这样去思考，你就可能找到出路，就可能取得成功。

定律85：

突破常规思维，在“奇”字上做文章

开发自己的创造力，不仅需要主动性，还需要一种勇气，那就是敢于突破常规的勇气。

常规思维的惯性，又可称之为“思维定式”，这是一种人人皆有的思维状态。当由它支配常态生活时，似乎有某种“习惯成自然”的便利，所以不能说它的作用全不好。但是，当面对新的事物时，如若仍受其约束，就会形成对创造力的障碍。

一次，一艘远洋海轮不幸触礁，沉没在汪洋大海里，幸存下来的9位船员拼死登上一座孤岛，才得以幸存下来。

但接下来的情形更加糟糕，岛上除了石头，还是石头，没有任何可以用来充饥的东西。更为要命的是，在烈日的暴晒下，每个人口渴得冒烟，因此水成了最珍贵的东西。

尽管四周都是海水，可谁都知道，海水又苦又涩又咸，根本不能用来解渴。现在大家唯一的生存希望是老天爷下雨或过往的船只发现他们。

等啊等，没有任何下雨的迹象，天际除了海水还是一望无边的海水，没有任何船只经过这个死一般寂静的岛。渐渐地，他们支撑不下去了。

8个船员相继渴死，当最后一个船员快要渴死的时候，他实在忍受不住，跳进海水里，“咕嘟咕嘟”喝了一肚子海水。船员喝完海水，一点儿也没觉得海水苦涩，相反觉得这海水非常甘甜，非常解渴。他想：也许这是自己渴死前的幻觉吧。于是，他便静静地躺在岛上，等着死神的降临。

他睡了一觉，醒来后发现自己还活着。船员非常奇怪，于是他每天靠喝岛边的海水度日，终于等来了救援的船只。

后来，人们化验海水发现，由于有地下泉水的不断涌出，这里的海水实

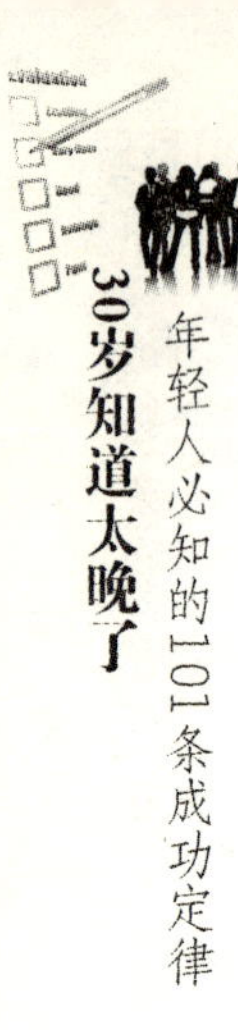

际上是可口的泉水。

习以为常、耳熟能详的事物充斥着我们的生活，使我们逐渐失去了对事物的热情和新鲜感。经验成了我们判断事物的唯一标准，存在的当然变成了合理的。随着知识的积累、经验的丰富，我们变得越来越循规蹈矩，越来越老成持重，于是创造力丧失了，想象力萎缩了。思维定式已经成为人类超越自我的一大障碍。

标新立异者常常能突破人们的常规思维，在“奇”字上下工夫，拿出出奇的招数，收到出奇的效果。

纽约，是冒险家的乐园，也是名人荟萃的地方。在这里，首饰行业之间的竞争十分激烈。

罗伯特是个善于动脑筋的人，他很清楚，要想在竞争激烈的市场上站稳脚跟并且后来居上，除了要有精湛的手艺和高明的经营手段之外，独特的创意也相当重要。

一天，一位大富翁慕名而来，他拿着一颗名贵的蓝宝石，要求罗伯特为他镶一枚与众不同的戒指，准备送给一位著名女影星作为生日礼物。

罗伯特当然不会错过这个自动送上门的好机会。他拿着这颗蓝宝石，整整端详了三天。他知道，再在图案上下工夫是不会有惊人之举了，唯有在蓝宝石上打主意。

传统镶戒指的方法，是用戒指把面料包起来。这样镶嵌后有近一半的面积被遮盖起来，也就是说一块料做成首饰后至少“小”了1/3。但是不这样做不行，万一安装不牢固，贵重的宝石就可能掉下来丢失，因此一直没人认为这种传统工艺有什么不对。

罗伯特觉察出了这种传统镶法的弊病，但一直没有机会尝试改变这种陈旧的方法。

经过一个多星期的研究实验，他终于发明了一种新颖的连接方法——内锁法。用这种方法制造出的首饰，宝石的90%暴露在外，只有底部一点面积像果实芥蒂那样与金属连接。

那位著名女影星生日那天，举行了盛大的晚会，一时宾客如云，高朋满座。当女影星出现时，人们的目光都被她手指上那颗璀璨夺目的蓝宝石戒指吸引住了……

当然女影星的影响是巨大的。那些崇拜女影星的贵妇、小姐们得知这枚戒指出自罗伯特之手，都不惜重金请他做首饰，都以拥有罗伯特亲手制作的首饰为荣耀。罗伯特由此而名声大振，一跃成为纽约首饰行业的泰斗。

如果罗伯特仍然按照常规思维去设计那枚戒指的话，他绝不会取得如此优秀的成绩。

有时，常规思维一旦在头脑中形成，便会根深蒂固，使你看不到事物的本来面目，甚至不愿意看到事物的本来面目，从而影响了你聪明才智的发挥。

年轻人最可怕的就是没有活力，而年轻人活力的来源就是创新思维的培养。因此，年轻人要想成功，首先就要还思维状态自由，从原有的常规思维中走出来，让创造力解禁出来，突破常规，出“奇“制胜，一举成功。

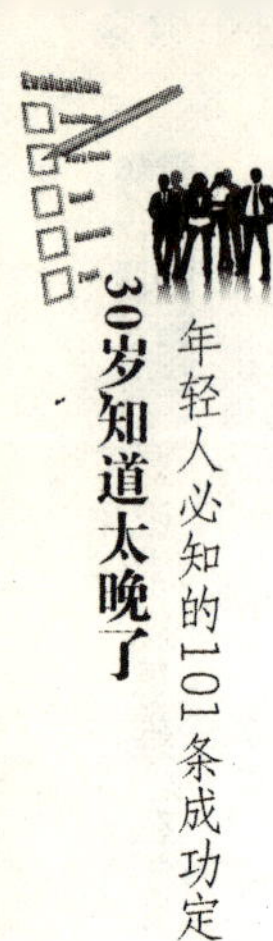

定律86：

用积极思考突破思维死角

一个成功的人肯定是一个善于思考的人。美国著名行为学家皮鲁克斯在《拯救自己从思考开始》一书中写道："依靠别人的赐予，是无济于事的；只有自己开动脑筋，才能拯救自己的人生。因为，从某种意义上说，脑力决定一个人的命运。"

很难想象，一个不能正确思考自我的人——尤其是遭遇各种挫折以后，还不能通过正确的思考方式，发现并克服自我危机的人，面对的会是怎样的人生。

这儿有一个关于"思维死角"的故事：

一个教授给一群学生出了这么一道考题：一个聋哑人到五金商店去买钉子，先把左手做持钉状，捏着两只手指放在柜台，然后右手做锤打状。售货员先递过一把锤子，聋哑顾客摇了摇头，指了指做持钉状的两只手指。这回售货员终于拿对了。这时候又来了一位盲人顾客。

"同学们，你们能否想象一下，盲人将如何用最简单的方法买到一把剪子?"教授这样问道。

"噢，很简单，只要伸出两个指头模仿剪子剪布的模样就可以了。"一个学生答完，全班表示同意。

最终的答案令学生们羞愧，教授说："其实盲人可以开口说一声就行了。记住：一个人进入思维死角，智力就会在常识之下。"

那么，年轻人如何通过思考，来培养自己的创新思维呢？总结起来有以下几点：

1.吸纳各种创意。

创意是成功者求发展的最大能量或者说资源。有一位成功的推销员对拿破仑·希尔说:“我从来不让自己显得精明干练。但我是保险业中最好的一块海绵,我尽量吸收各种良好的创意。”

2. 尝试变化。

这是一个瞬息万变的世界,你要想求得更大的发展,就必须尝试着去变化。比如你完全没必要整天守着一条路线,你不妨换条路回家,换一家餐厅吃饭,或换个新的剧院,去交新的朋友,过一个同以前完全不同的假期,或计划在这个周末做几件你从来都没做过的事。

如果你从事的是销售业,你可以试着去对生产、会计、财务等发生兴趣,这样可以扩展你的能力,为你以后的更好发展打下坚实的基础。

3. 以更高的标准要求自己。

成功者在追求目标的过程中,往往为自己不断地设定更高的标准,不断寻找更有效的方法,或者降低成本以增加效益,或者用比较少的精力做更多的事情。“最大的成功”永远属于那些认为自己能把事情做得更好的人。

事业的发展如逆水行舟,不进则退。成功者教给我们做这样一个练习:

每天,在开始工作之前,都花10分钟想:“今天我怎么才能把工作做得更好呢?”“今天我怎么激励我的员工呢?”“我还能为顾客做点什么呢?”“我怎么才能让自己的工作更有效率呢?”

这个练习很简单,但是效果很好。通过这样的练习,你会找到无数创造性的方法来获得更大的成功。你的心理态度决定了你的能力。你觉得你能做多少,你就做多少。如果你相信自己能做得更多,那么你就能创造性地想出各种办法。

4. 善于学习。

成功者为求得更大的发展,总是在孜孜不倦地学习。

学习有很多种渠道。你的耳朵就是你自己的接收频道,它为你接收很多的资料,然后转变成创造力。我们当然不会从自己说的话里获得什么收获,但是却能从“提问题”和“听”中学到不少的东西。

5. 善于把握良机。

成功者不会放弃任何一个发展良机,哪怕这个机会只是偶然的一个灵感,他们都会用发展的眼光对待它。

6. 激发灵感。

成功者永远都不会满足自己目前的成就,他们擅长于以各种方法激发自己的灵感。下面简单介绍两种方法,希望对你能有所帮助。

首先,你可以参加一个本行业组建的团体,定期同他们聚会,但是你必须选择一个有朝气的团体。要经常同那些有潜力的人交往,倾听他们的意见,听他们说:“那个会议给我一个灵感。”“我在这个聚会中突然有了个好主意。”请注意,孤独闭塞的心灵很快就会营养不良,变成贫瘠的土壤,再也没有创造力了。因此经常从别人那里获得一些灵感,是最好的精神食粮。

其次,至少参加一个外行业的团体,认识一些从事着不同工作的人,会帮你开拓眼界,看到更遥远的未来。很快你就会知道,这样会对你的本行工作有多大的促进作用。

定律87：

良好的习惯是开启成功之门的钥匙

习惯的力量是惊人的。习惯能载着你走向成功，也能驮着你滑向失败。如何选择，完全取决于你自己。为了获得成功，年轻人30岁前要养成良好的习惯。

习惯决定一个人的命运。因为任何行为，只要你能够持续不断地加强它，它终究会变成一种习惯。因此，良好的习惯是开启成功之门的钥匙，习惯对成功的影响主要体现在以下几个方面：

1. 增强心理暗示。

拿破仑曾说："不想当将军的士兵不是好士兵。"同样，不希望取得成功的年轻人也不是优秀的年轻人。

获得成功需要良好习惯的养成，而且，要相信好习惯的回报便是成功。

成功学家曼狄诺是拿破仑·希尔的好友，他曾对拿破仑·希尔道出了一项培养成功的心理暗示，他反复不停地对自己说："今天我要重新振作起来，将那饱尝失败的生命，毁灭了从头再来。"

"今天我要重新开始生命，你看那翠绿的葡萄乐园，那里的花朵鲜艳，水果丰盛。"

"我要摘下那最大最甜的葡萄，把它放在金色的盘里，细细品尝。"

"那是成功的果实，是我播种的成功的种子。"

"你看那腾跃而出的朝阳，永远也不会悲观和失望。我选择了远方，我准备了希望。"

"你看我怎样渡过那波涛汹涌的海洋，并且不必担心迷失了方向。罗盘就挂在我的胸前，我不怕有千难万险。"

“失败像天使一样，她努力扇动着一双翅膀，引导我找到成功的方向。”

“失败就像魔鬼一样，不过他已丧失了邪恶的魔法，并且被那全能的上帝，关进了一个长颈的瓶子。”

“成功的背后是失败的烙印，我在挫折中勇敢地鼓足勇气。”

“造物主总是那么神奇。我曾经是一只丑小鸭，但现在是白天鹅。”

“我曾经像一个洋葱一样生长，我现在厌烦了，谁也不能阻止我，我要成为最了不起的橄榄树。”

“我要到达成功之岸。”

2. 促进事业成功。

如果你既没有创立宏大事业的知识，又没有任何经验，而且曾经在无知中游荡，甚至还跌进过自怜的深渊，那么，你该怎样养成那些良好的习惯呢？事实上，这个答案很简单。在没有知识和经验的情况下，仍然可以开始你的旅程，因为造物主已经给你远比森林里面任何兽类都多的知识和本能。只是人们将经验估价估得太高了。

说实在的，经验是对教训的一种总结，但是要获得经验必须花上很多年的时间，而且，等到人们获得它的知识的时候，其价值已随着时间的流逝而减低了。结果呢，经验丰富了，其人也老了。再说，经验只是一时的，一个今天很有用的措施，明天不一定依然有效和实用。

只有原则可以经久不变，而这些原则现在都在你的手里。因为这些带你走向成功之路的原则，都写在那里，它的教导，会使你防止失败，获得成功。

事实上，已经失败了的人和已经成功了的人之间，唯一不同之处，在于他们本身具有不同的习惯。良好的习惯，是一切成功的钥匙。坏的习惯，是一切失败的根源。因此，我们应该遵守的第一个法则就是：养成良好的习惯，全心全力去实行。在你一生过去的行为当中，你的行动受世俗、情感、偏见、贪婪、恐惧、恶劣环境、习惯所支配，而这些行为里，最坏的是习惯。

因此，如果决定要全心全意养成习惯的话，一定要全心全意养成良好的习惯。必须将坏习惯全部摧毁，准备在新的田畦，播下新的种子，一定要大声告诉自己：“我要养成良好的习惯！”并全力以赴。

我们必须革除生活上的坏习惯，培养一种能使我们走向成功之路的好习惯。

3. 增强元气活力。

良好的习惯隐藏着人类本能的秘诀。当你每天坚持培养良好习惯的时候,它们很快就会成为你精神生活的一部分。而最重要的是,它们会进入你的心灵,变成奇妙的源泉,永不停止,创造出无限的财富,并使你事业的航船不断地驶向成功的彼岸。

当培养良好习惯的话语被奇妙的心灵完全吸收的时候,每天早晨,你便开始带着以前从未有过的一种活力醒过来。你的元气将会增加,你的热情将会升高,你事业成功的欲望,将会使你克服一切恐惧,你将会变得更快乐。

最后,你发现自己已有了应付一切情况的方法。不久,这些方法就能运用自如了。因为,任何方法只要经过练习,就会熟能生巧,化难为易了。

当一种方法,由于经常反复地练习而变得容易的时候,你就会喜欢去做。你一旦喜欢去做,就愿意时常去做,这是人的天性。当你时常去做的时候,它就成了你的一种习惯,你也就成为它的奴仆。因为它是一种好习惯,也就是你的意愿。

4. 坚定成功信念。

良好的习惯能使我们坚定成功的信念。

我们要郑重地对自己宣布,没有东西能够阻碍我们事业成功的信念。我们要坚持阅读成功励志方面的书籍,养成不间断地阅读这类成功潜能培训书籍的习惯。实际上,每天在这新的习惯上花费几分钟,对将要属于你的那种快乐和成功来说,只是付出微小的一点代价,却已经播下了成功的种子。

只要你按照以上几条原则认真去做,你就能培养出良好的习惯,消除不的习惯。

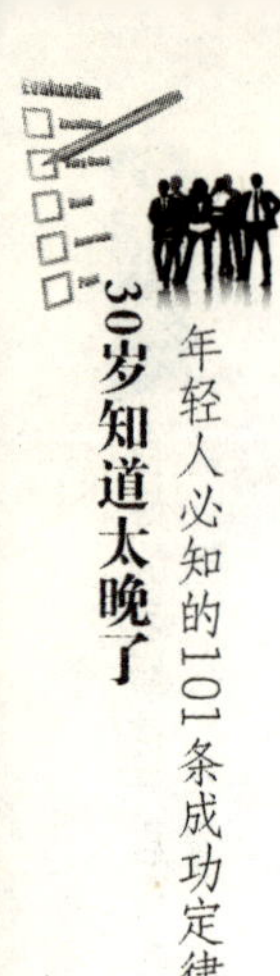

定律88：

让自己拥有成功者的习惯

心理学巨匠威廉·詹姆士说："播下一个行动，收获一种习惯；播下一种习惯，收获一种性格；播下一种性格，收获一种命运。"

一个年轻人，如果想成为一个各方面都很成功的"好命"人，就要锻炼自己，养成成功者应具有的习惯。

1998年5月，华盛顿大学350名学生有幸请来世界巨富沃沦·巴菲特和比尔·盖茨演讲。当学生们问到"你们怎么变得比上帝还富有"这一有趣的问题时，巴菲特说："这个问题非常简单，原因不在智商。为什么聪明人会做一些阻碍自己发挥全部功效的事情呢？原因在于习惯。"

盖茨也表示赞同，他说："我认为沃沦关于习惯的话完全正确。"此时，两位在不同领域获得巨大成功的好朋友道出了相同的成功诀窍，即：好的习惯是成功的阶梯。

1978年，75位诺贝尔奖获得者在巴黎聚会。有人问其中一位："你在哪所大学、哪所实验室里学到了你认为最重要的东西呢？"

出人意料，这位白发苍苍的学者回答说："是在幼儿园。"

又有人问："在幼儿园里学到了什么呢？"

学者答："把自己的东西分一半给小伙伴们，不是自己的东西不要拿，东西要放整齐，饭前要洗手，午饭后要休息，做了错事要表示歉意，学习要多思考，要仔细观察大自然。从根本上说，我学到的全部东西就是这些。"

这位学者的回答，代表了与会科学家的普遍看法：成功源于良好的习惯。

习惯对于年轻人的一生来说，实在是太重要了。试想，一个爱睡懒觉、生活懒散又没有规律的人，怎么能约束自己勤奋工作？所以，年轻人要想成功，首先要让自己拥有成功者的习惯。

首先，戒除坏习惯。坏习惯一旦形成之后，就很难更改，它会时时刻刻影响一个人对事物的看法。

其次，养成高效的办事习惯。你是不是感觉到每天都很忙，但却是忙而无功？你是不是感觉付出很多，但是得到的只是老板的责骂？真的如此，你一定要审视一下自己，你可能并不是工作不努力，而是没有掌握提高工作效率的正确方法，在无意中浪费了你的生命。尝试按照下面的提示改变一下，或许情况会大有改观。

1. 在开始工作前，把桌面清理干净。

一张乱七八糟堆满了待复信件、报告和备忘录的桌子，足以使人慌乱、紧张和忧烦。更严重的是，时常有“万事待办，却无暇办理”的担忧的人，不仅会感到紧张劳累，而且会引发高血压、心脏病和胃溃疡。

2. 按照事情的轻重缓急程度去做。

创办遍及全美的著名公司的亨瑞·杜哈提曾抱怨说，同时具备两种能力的人非常难得。这两种能力是：第一，能思想；第二，能按事情的重要次序来做事。

3. 立即行动，不要犹豫和等待。

没有任何问题会因为你回避它而自动解决，没有任何烦恼会因为你不去想而烟消云散。你没有别的选择，只能去面对，只能去解决问题排除烦恼，既然这样，那还等待什么，立即行动吧。

4. 养成一日三省的习惯。

孔子的学生曾参说：“吾日三省吾身：为人谋不忠乎？与朋友交而不信乎？传不习乎？”每日“三省其身”成为很多成功人士的座右铭。可见，古今中外，诸多有建树的人大都具有“反省”的优秀品质。

萧伯纳说：“智慧不与经验的多寡成比例，只与对经验的领悟程度成比例。”一个人能够不断进步的原因就在于他能够不断地自我反省，找到自己

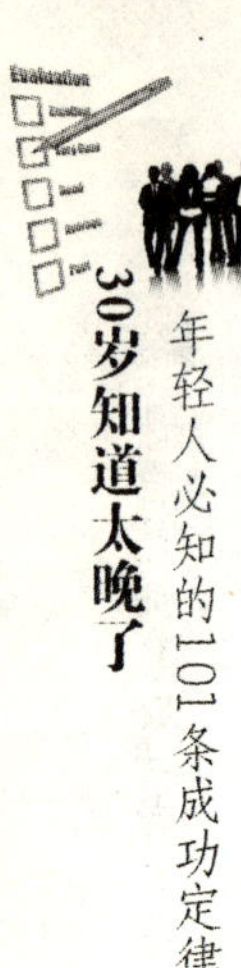

的缺点或者做得不好的地方，然后不断改正，以追求完美的态度去做事，从而取得一个又一个的成功。

好习惯会伴随年轻人一生，即使不是为了成为更成功的人，不是为了事业上取得更耀眼的成绩，也不能忽视了对自身习惯的培养。因为年轻人一旦具有成功者的习惯，你的命运就会发生根本的改变。

定律89：不要让你的志向被坏习惯吞噬

每个人都有美好的志向。但是为什么有些人能在学习与工作中将自己的志向实现,而有些人只能碌碌无为地过此一生呢?其原因究竟何在?

一位学者做过这样一个试验:将6只蜜蜂和3只苍蝇放在同一个透明的瓶子中,随后他们将这个透明的瓶子平放,让瓶底朝着窗户。结果发生了什么情况?蜜蜂不停地想在瓶底上找到出口,一直到它们力竭倒毙或饿死;而苍蝇则会在不到两分钟之内,通过另一端的瓶口逃逸一空。

由于日常的劳作中,蜜蜂特别喜欢有光的地方,所以它们以为,瓶子的出口一定就在光线最明亮的地方,它们不停地重复着这种合乎逻辑的行动。然而,正是由于它们的智力和习惯,蜜蜂灭亡了。而那些苍蝇则对事物的逻辑毫不留意,全然不顾亮光的吸引,四下乱飞,结果误打误撞碰上好运气,这些头脑简单者在智者消亡的地方反而顺利地得救,获得了新生。

通过这个实验,我们可以得知这样一个道理:作为年轻人,你一定要打破固有的思想,从一个新的角度去解决问题,因为惯性思维害死人,是你成长路上的障碍,你一定要战胜它,只有这样你才能走出自身固有的牢笼!

要知道,一个人很容易将自己的思维局限在小圈子里,一旦跳不出来,就找不到处理事情的正确方法;相反,当我们换个角度突破惯性思维的框框时就会发现:原来眼前新的道路是如此广阔!

美国航空航天局曾经因为这样的一件事情而烦恼不已,因为圆珠笔在太空中失去地球的引力,不能够顺利使用,他们在研究所里耗费巨资请专家研制新式产品。两年时间过去了,该科研项目进展缓慢。于是,宇航局向社会悬赏,征求此种"便利笔"的新发明。不料,很快来了一个小伙子,他向惊讶的官员们出示自己的"研究成果"——一枝铅笔!

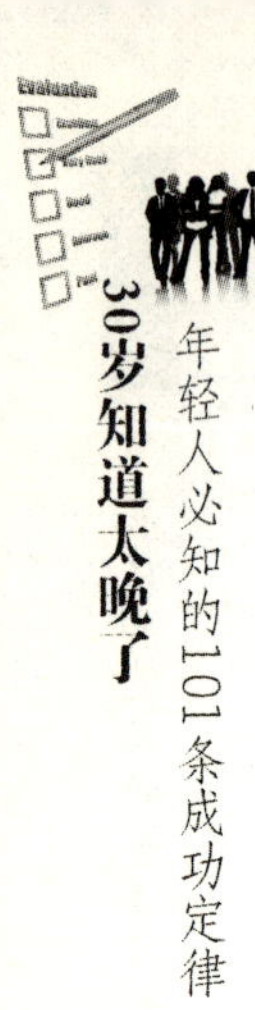

多么简单的事情,为什么人们总是不能跳出自己的思维惯性呢?

一个人假如都是依靠过去的惯性思维,那么他很容易陷入一成不变的牢笼中。做什么事情都自以为是,“我知道”、“就应该这样操作”等等,成了他们的口头禅,然而事实上又是如何呢?这样往往导致了他们的失败。因为刻舟求剑的做法是行不通的,毕竟事情一直在变化,当你还在按照原来的情况行动的时候,事情早就发生了新的变化。为此,你需要打破往日的思维惯性,与时俱进,不断地创新和寻求新的创造,这才是你获得成功的秘诀!

其实打破惯性思维很容易,只需要我们换个角度。在生活中这样的事情十分常见——我现在所在的地区生长着许多枫树,每到秋天的时候,就能看到红红的枫叶一片片飘落下来,但是这么美的枫叶往往就被环保工人当垃圾焚烧或运走沤肥。当然,想必也会有浪漫的人捡起来,然后夹在书中,除此以外,枫叶仿佛就再没有别的用途了。

真是如此吗?香山的红叶被制成各色各样的小工艺品,有书签、有贴图、有假花、有头饰,甚至有的还被制成蝴蝶、鱼、鸟等形状,多姿多彩,甚为吸引眼球。由于价格便宜,游客们也乐于解囊……你看,就这么简单,看上去毫无用处的红叶可以有这么多的延伸价值,所以说,这个世界上许多时候都是这样——没有做不到,只有想不到!

如果一个人的大脑总是禁锢在惯性思维里,没有任何的创新想法,就像一个按钮,按一下才启动,不按就停留在原来的状态。这样的话,不管是一个人,还是一家企业,迟早都将走向毁灭!

有志于成功的年轻人,一定要彻底解放思想,摒弃惯性思维,千万不要让你的志向被坏习惯吞噬。

定律90:

年轻人要养成不找问题找方法的习惯

年轻人要想成功,要想改变自己的命运,就要学会在问题面前不认输,要相信世上没有解决不了的问题,无论遇到何种难题,都必定能找到化解的办法。所以,获得成功的人必定会拥有一般年轻人不具备的好习惯:不找问题找方法。

在成功人士看来,从来不存在所谓的无路可走。遇到困难,首先想到的就是寻找方法,而方法总是存在的,只要肯找,就一定会“天无绝人之路”。

人们常说:只有想不到,没有办不到。成功的年轻人相信,事物总是多面性的,即使失败了多次,只要变换角度去分析,总会找到其他可以走向成功的方法。

很久以前,人们听说有位大师用几十年练就了一种移山大法。

一天,有人找到这位大师,央求其当面表演一次。大师在一座山的对面坐了一会儿,就起来跑到山的另一面,然后说表演完毕。

人们大惑不解,大师微微一笑说:“事实上,这世上根本就没有什么移山大法,唯一能够移山的方法就是,山不过来,我就过去。”

这个故事启迪我们:不要迷信有什么成功秘诀和捷径,更没有什么神秘的力量,灵活处理随时出现的各种情况,这才是真正的成功秘诀。

在我们的实际工作中,经常听到这样的抱怨:“确实是没办法!”“真的是一点办法也没有!”设想一下,如果你的上级给你下达某个任务,或者你的同事、顾客向你提出某个要求时,你这样回答对方,他们怎能不对你感到失望呢?也许一句“没办法”,就为推卸责任找到了最好的理由。然而也正是一句“没办法”,浇灭了很多创造的火花。是真的没办法吗?还是我们根本就没有好好地动脑筋想办法呢?

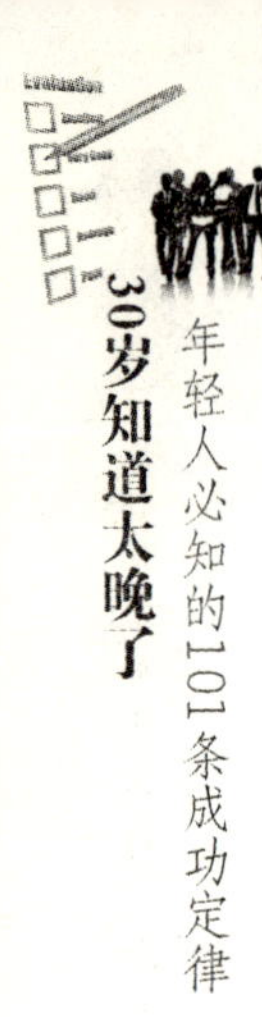

威尔逊想用100美元去周游世界，别人都认为他是在痴心妄想。然而，威尔逊没有理会那些冷嘲热讽，他找出一张纸，写下了用100美元周游世界的办法：设法领到一份可以上船当海员的文件；去警察局申领无犯罪证明；考取一个国际驾驶执照，找来一套地图；与一家大公司签订合同，为其提供所经国家的土壤样品；同一家胶卷公司签订协议，可以在这家公司的任何一个分公司免费领取胶卷，但要拍摄照片为公司做宣传。

当威尔逊完成上述的准备之后，他就在口袋里装好100美元，兴致勃勃地开始了自己的旅行。结果，他完全实现了自己的梦想。以下是他旅行经历的一些片断：在加拿大巴芬岛的一个小镇用早餐，他不付分文，条件是为这家餐馆拍照并承诺在旅行中为其做宣传。在新西兰，花5美元买了一箱香烟。从巴黎到维也纳的费用是送司机一箱香烟。从挪威到瑞士，由于他搭乘货车的司机在半途得了急病，已经拥有国际驾驶执照的他将司机送到了医院，并将货物安全送到了目的地。货运公司非常感激他，专门派车将他送到了瑞士，当然是免费的。在葡萄牙一家新开张的公司门口，该公司用来拍摄庆祝画面的照相机出了故障，于是威尔逊免费为他们拍摄了照片，而他们则送给威尔逊一张到达德国的飞机票。在印度尼西亚，由于提供了一份美国人最近旅游习惯的资料，他在一家高档的宾馆享受了一顿丰盛的晚餐。

威尔逊亲身创造的传奇，足够令我们瞠目结舌了，他为了实现目标努力找方法的智慧更值得我们喝彩！

遇到问题先别说没有办法，先问自己是否已经竭尽全力地去解决问题。当我们怪罪自己不够聪明，不够有创意，抱怨我们总是无计可施的时候，我们应该反问一下自己：是否真正地开动脑筋了？

第一，你可以告诉自己“总会有别的办法可以办到”。

每年有几千家新公司获准成立，可是5年以后，只有一小部分能够继续营运。那些半路退出的人会这么说：“竞争实在是太激烈了，只好退出为妙。”他们遭遇障碍时，只想到失败，因此才会失败。你如果认为困难无法解决，就会真的找不到出路。因此一定要拒绝“无能为力”的想法。

第二，先停下，然后再重新开始。

我们时常钻进牛角尖而不能自拔，因而看不到解决问题的方法。成功的秘诀是随时检查自己的选择是否有偏差，合理地调整目标，放弃无谓的固执，才能顺利地走向成功。

由此可见，我们之所以说找不到解决问题的方法，往往是我们并没有尽到最大的努力！世界上没有无法解决的问题，只有不够努力造成的失败和遗憾。在职场上，只要我们有足够的信心，有积极的行动，我们也有这样的潜质，我们也能创造同样的传奇，我们的创意之门就能打开，我们就一定能够找到解决问题的办法。

做人要想成功，就要学会积极地面对问题，主动思考解决问题，要相信总会有一种方法是可行的。这样把常动脑筋、想办法，变成自己的一种习惯，到那时，遇到任何问题都会迎刃而解的。

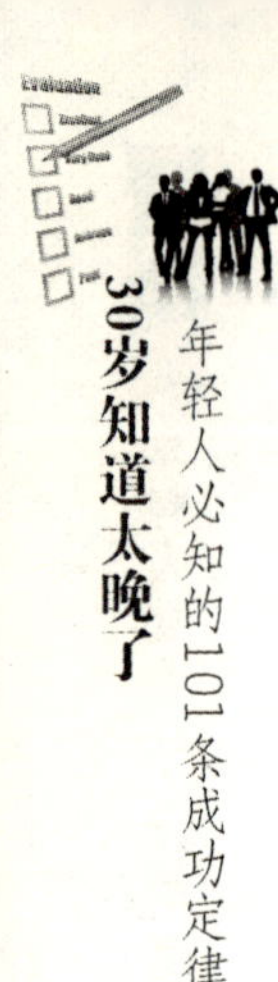

定律91：

积累有效经验，就是养成好习惯

有一个刚毕业的大学生被分到一家民营企业，所以，他就成为单位中学历最高的人。一天，他到单位后面的鱼池去钓鱼。刚好单位里的两位领导也在钓鱼，他们两个一边聊天，一边钓鱼。这个大学生只是简单地向这两位领导打了招呼，然后在想，这两个没有文化的土老帽，有什么东西好聊的！

过了一会儿，一个领导放下手中的鱼竿，跃了几下，从水池的这面跳到对面的厕所。这位刚来的大学生吃惊地看着，心中在想：难道这个领导会轻功不成？第一个领导刚从厕所回来，过了一会，另一个领导也和第一个一样，蹭、蹭、蹭几下，就跳到鱼池的对面。这位大学生不知道为何领导会有水上行走的本领，莫非真的遇到了会"水上漂"轻功的高手？但是大学生认为自己是大学生，不好意思去问领导究竟是怎么穿过这个水池的。

没过多久，像是被传染了一样，大学生也出现了内急。池塘的两边有围墙，要想到对面的厕所，需要绕十分钟的路，而回单位上厕所，路又太远，怎么办？本科生不愿意去问领导，实在憋不住了，于是起身往水里跳，心想："我就不信这两个土包子可以过的水面，我堂堂一个大学生就过不去！"

只听"咚"的一声，好像有什么东西掉进水中，两位领导一回头，发现大学生掉进了池塘。这两位领导急忙把他捞出，并关心地问他为什么想不开要向水里跳？他反问："为什么你们可以从水面上走过去，而我却不能。"

两个领导相视而笑。其中的一个领导说："原来你还不知道啊？这个池塘里有两排可以走到对面的木桩，这几天由于下雨，水面涨了，看不到了，但是我们知道木桩的位置，所以可以过去，而你怎么不问一声就随便往水里跳啊？"

这个故事说明了什么道理？很显然是积累经验的重要性。一个人的学历再高，也只能代表过去，只有你的学习能力才可以代表你的现在和将来。一个人，只有不断地总结经验，并在经验中总结教训，才可以少走弯路，而现在很多胸怀大志的年轻人，总是凭着自己的一股闯劲，在商海里疲于奔命，而最终的结果往往是一无所获。他们不知道，唯有多积累经验才能将自身的综合能力提高，才能把自己能力这个大"蛋糕"不断地做大。

一个人能否把事情做好。不仅仅靠你的智商和能力，同时还需要你具有一定的经验积累。如果有两个人一起做一件事，一个是做了十年这件事但智商普通的人，另一个则是在这个领域毫无经验但极为聪明的人，毫无疑问前者肯定会胜出，否则就不会有"熟能生巧"这个词了。

对刚刚毕业的大学生，或者刚刚踏入社会的年轻人来说，经验的积累就好似万丈高楼的地基，需要打得结实牢固。只有具备了一定的经验积累，才能在一定的领域发展自己的能力，否则只凭着所学的理论知识做事情，就很可能事倍功半。

一个人能否做成一件事，不仅仅看他是不是能够一次就获得成功，更不是看他的智商有多高，而是看他是否懂得在失败之后总结教训，找到成功的经验。聪明的人不会犯下两次同样的错误，而愚蠢的人却总是因为同一块石头跌倒。

经验来自实践，如果你利用得当，就会把你推上成功之巅。假如年轻的你有雄心壮志，想要自己做出一番事业，那么一定要先积累经验。当你把所有的经验转化成你的能力的时候，你也就离成功更靠近一步。所以说，把自身这块"蛋糕"做大，是你干出一番事业的基础！

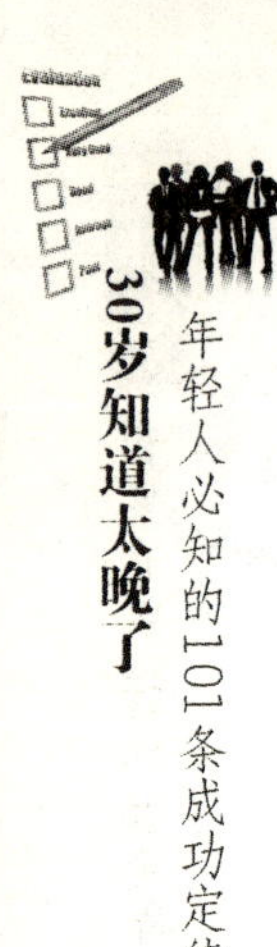

定律92：

当专注变成一种好习惯

拿破仑·希尔认为，专注是成功的神奇之钥。专注会为你打开通往财富之门；专注会为你打开通往荣誉之门；专注会为你打开通往健康之门；专注还将会为你打开通往教育之门，让你进入所有潜在能力的储藏之所。于是，在这把神奇之钥的帮助下，我们会一一找到各种通向成功之门。

每一个获得巨大成功的人，如卡耐基、洛克菲勒、哈里曼、摩根等人都是在使用了这把钥匙，拥有了一种神奇的力量之后，才变成大富翁的。

除了这些，专注还会打开监狱之门，把人类的渣滓变成对社会有用的人。

是的，它就是这么神奇，就是这么有效，只要你拥有了这把"神奇之钥"——专注，你就可以随心所欲了。

"专注"，就是要你把意识集中在某个特定的欲望上的行为，并要一直集中到已经找出实现这个欲望的方法，而且直到成功地将之付诸实际行动为止。

而做到这一点，即把意识集中在某一个特定的欲望上的行为，关系到两项重要的法则：其中一项法则就是"自我暗示"，另一项法则是：习惯。

习惯是一种普通人就能够认识的力量。但他们看到的往往是其不好的一面，而不是有利的一面。现代心理学非常肯定地告诉我们，我们可以支配、利用及指挥习惯为我们工作，而不必被迫允许习惯控制我们的行为与性格。

习惯是一条"心灵路径"，我们的行动已经在这条路径上旅行多时，每经过一次，就会使这条路径更深一点儿，更宽一点儿。如果你必须穿过一处田野或森林，你就会知道你一定会很自然地选择一条最通畅的小径，而不是人迹罕至的小径，更不会选择自己开辟一条新路。人的心灵之路也是如此，它会选择阻碍最少的一条路线来行进——走很多人走过的道路。习惯的形成合乎自然法则，通过所有具有生命现象的事物表现出来，也可以表现在无生命的东西上。

比如，一张纸一旦以某种方式折起来，下一次它还会沿相同的折痕被折；缝纫机或其他精密机器的使用者都知道，一台机器或仪器一旦经过“初试”之后，就会越用越顺手，乐器也是如此；衣服或手套用过之后形成某些褶痕，而这些褶痕一旦形成就会永远存在，怎么也熨不平；河流或小溪冲出一条道路后就会按这条习惯路线流动。

这些说明可以帮助你了解习惯的性质，也将协助你形成新的心灵路径、新的心灵折痕。还有，年轻人一定要随时记住这一点：若要除掉旧习惯，最好的（也可以说是唯一的）方法就是，通过培养出另一种新的习惯来对抗和取代不好的旧习惯。开辟新的心灵之路，并在上面旅行，旧的道路很快就会变得模糊，迟早会因长期不用而被荒草所淹没。每一次你走过良好的心灵之路时，都会使这条道路变得更深、更宽、更畅通。然后练习、练习、再练习——做一个好的筑路者。

下面就是你可以用来培养自己希望获得的良好习惯的步骤：

（1）在培养一个新习惯之初，一定要注入一定的力量与热情。对于你所想的，要有深刻的感受。记住，你正在开始建造新的心灵之路，不过万事开头难，一开始，你就要尽可能使这条道路笔直畅通，以便下一次你想要走这条路时容易辨清方向。

（2）把全部注意力集中到修筑新路之上，不要去想那条旧路，忘掉它们的存在。

（3）可能的话，要尽量多地在你新修的道路上行走。你要自己制造机会来走这条新路，不要等机会自动在你眼前出现。走的次数越多，新路就会越走越顺。一开始你要制定以这些新的习惯为必经之路的计划。

（4）一定要抵挡重回旧路的诱惑。你每抵抗一次这种诱惑，就会变得更加坚强，下次也就更容易抗拒这种诱惑。只要你向这种诱惑屈服一次，就更容易在下一次屈服，以后将更难以抗拒诱惑。你一开始就要全身心地投入战斗，这是重要的时刻，必须在一开始就证明你的决心、毅力和意志。

（5）要确信自己已找出正确的途径，把它当做你首要的明确目标，然后勇往直前，不要使自己产生怀疑。“着手进行你的工作，莫回头。”选定你的目标，然后修建一条又好、又宽、又深的道路，直接通向这个目标。

也就是说，成功需要专注地进行积极的自我暗示，直到这种积极暗示变成一种习惯，那么它就能影响一个人的命运。

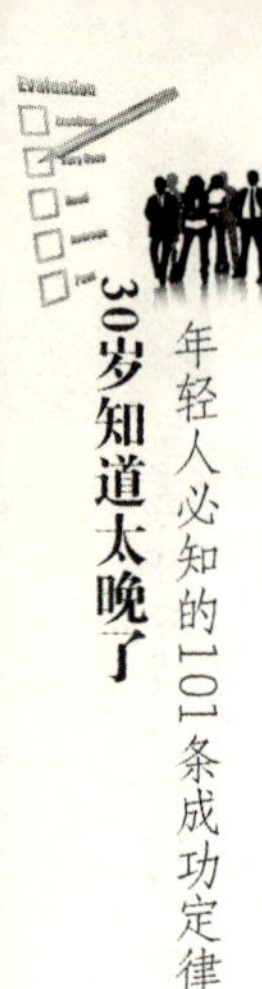

定律93：

30 岁前成功必备的 9 大习惯

成功和失败，都源于你所养成的习惯。好习惯会使成功不期而至，而坏习惯会离成功相去甚远。成功励志大师们普遍认为，年轻人要想成功，以下 9 种好习惯是必须要养成的：

1. 养成锻炼身体的好习惯。

如果你想成就一番事业，你就必须有一个健康的身体；要想身体健康，首先要有保健意识。

如何落实保健意识呢？一是要有生命第一、健康第一的意识，有了这种意识，你就会善待自己的身体、自己的心理，而不会随意糟踏自己的身体。二是要注意掌握一些相关的知识。三是要使自己对身体有一个应变机制：定期去医院做身体检查；身体觉得有不适的地方，应及早去医院检查；在有条件的情况下，可以请一个保健医生，给自己的健康提出忠告。

2. 积极思维的好习惯。

有位秀才第三次进京赶考，住在一个经常住的店里。考试前两天他做了三个梦：第一个梦是梦到自己在墙上种白菜，第二个梦是下雨天，他戴了斗笠还打着伞，第三个梦是梦到跟心爱的表妹脱光了衣服躺在一起，但是背靠着背。临考之际做此梦，似乎有些深意，秀才第二天去找算命的解梦。

算命的一听，连拍大腿说："你还是回家吧。你想想，高墙上种菜不是白费劲吗？戴斗笠打雨伞不是多此一举吗？跟表妹脱光了衣服躺在一张床上，却背靠背，不是没戏吗？"秀才一听，心灰意冷，回店收拾包裹准备回家。店老板非常奇怪，问："不是明天才考试吗？今天怎么就打道回府了？"

秀才如此这般说了一番，店老板乐了："唉，我也会解梦的。我倒觉得，你这次一定能考中。你想想，墙上种菜不是高种吗？戴斗笠打伞不是双保险吗？跟你表妹脱光了背靠背躺在床上，不是说明你翻身的时候就要到了吗？"秀才一听，更有道理，于是精神振奋地参加考试，居然中了个探花。

可见，事物本身并不影响人，人们只受到自己对事物看法的影响，人必须改变被动的思维习惯，养成积极的思维习惯。

怎样才算养成了积极思维的习惯呢？当你在实现目标的过程中，面对具体的工作和任务时，你的大脑里去掉了"不可能"三个字，而代之以"我怎样才能"时，可以说你就养成了积极思维的习惯了。

3. 高效工作的好习惯。

一个人成功的欲望再强烈，也会被不利于成功的习惯所撕碎，而融入平庸的日常生活中。所以说，思想决定行为，行为形成习惯，习惯决定性格，性格决定命运。你要想成功，就一定要养成高效率的工作习惯。

确定工作习惯是否有效率，是否有利于成功，可以用这个标准来检验：在检测自己工作的时候，是否为未完成工作而感到忧虑，即有焦灼感。如果应该做的事情而没有做，或做而未做完，并经常为此而感到焦灼，那就证明你需要改变工作习惯，找到并养成一种高效率的工作习惯。

其中，高效工作离不开做计划。一个人计划习惯，就等于计划成功。中国有句老话："吃不穷，喝不穷，没有计划就受穷。"尽量按照自己的目标，有计划地做事，这样可以提高工作效率，快速实现目标。

4. 不断学习的好习惯。

"万般皆下品，唯有读书高"的年代已经过去了，但是养成读书的好习惯则永远不会过时。

哈利·杜鲁门是美国历史上著名的总统。他没有读过大学，但他有一个好习惯，就是不断地阅读。他一卷一卷地读了《大不列颠百科全书》以及所有查理斯·狄更斯和维克多·雨果的小说。此外，他还读过威廉·莎士比亚的所有戏剧和十四行诗等。他的信条是："不是所有的读书人都是一名领袖，然而每一位领袖必须是读书人。"

每一个成功者都是有着良好阅读习惯的人。世界500强大企业的CEO

至少每个星期要翻阅大概30份杂志或图书资讯，一个月可以翻阅100多本杂志，一年要翻阅1000本以上。

世界500家大企业的CEO至少每个星期要翻阅大概30份杂志或图书资讯，一个月可以翻阅100多本杂志，一年要翻阅1000本以上。

有志于成功的年轻人，每一个想在30岁前成功的人，请每个月至少读一本书，两本杂志。

5. 谦虚的好习惯。

一个人没有理由不谦虚。相对于人类的知识来讲，任何博学者都只能是不及格。

著名科学家法拉第晚年时国家准备授予他爵位，以表彰他在物理、化学方面的杰出贡献，但被他拒绝了。法拉第退休之后，仍然常去实验室做一些杂事。一天，一位年轻人来实验室做实验。他对正在扫地的法拉第说道："干这活，他们给你的钱一定不少吧？"老人笑笑，说道："再多一点，我也用得着呀。""那你叫什么名字？老头？""迈克尔·法拉第。"老人淡淡地回答道。年轻人惊呼起来："哦，天哪！您就是伟大的法拉第先生！""不"，法拉第纠正说，"我是平凡的法拉第。"

谦虚不仅是一种美德，更是是一种人生的智慧，是一种通过贬低自己来保护自己的计谋。

6. 自制的好习惯。

任何一个成功者都有着非凡的自制力。抑制不住情绪的人，往往伤人又伤己。如果三国时司马懿不能忍耐一时之气，出城应战，那么或许历史将会重写。

现代社会，人们面临的诱惑越来越多，如果人们缺乏自制力，那么就会被诱惑牵着鼻子走，偏离成功的轨道。

7. 幽默的好习惯。

有人说，年轻人需要幽默，就像年轻女人需要一个漂亮的脸蛋一样重要。没有幽默的年轻人不一定就差，但懂得幽默的年轻人一定是一个优秀的人，懂得幽默的年轻人更是珍稀动物。

8. 微笑的好习惯。

微笑是大度、从容的表现，也是交往的通行证。

举世闻名的希尔顿大酒店，赖以成名的经营秘诀，竟然是简单、易行、不花本钱的微笑。这束“微笑阳光”最终使希尔顿饭店赢得了全世界一致好评。

在欧美发达国家，人们见面都要点头微笑，使人们相互之间感到很温暖。而在中国，如果你在大街上向一个女士微笑，那么你可能被说成“有病”。向西方人学习，让我们致以相互的微笑吧。

9. 敬业、乐业的好习惯。

敬业是对渴望成功的人对待工作的基本要求，一个不敬业的人很难在他所从事的工作中做出成绩。

美国标准石油公司有一个叫阿基勃特的小职员，开始并没有引起人们的注意。他的敬业精神特别强，处处注意维护和宣传企业的声誉。在远行住旅馆时总不忘记在自己签名的下方写上“每桶四美元的标准石油”字样，在给亲友写信时，甚至在打收条时也不例外，签名后总不忘记写那几个字。为此，同事们都叫他“每桶四美元”。这事被公司的董事长洛克菲勒知道了，他邀请阿基勃特共进晚餐，并号召公司职员向他学习。后来，阿基勃特成为标准石油公司的第二任董事长。

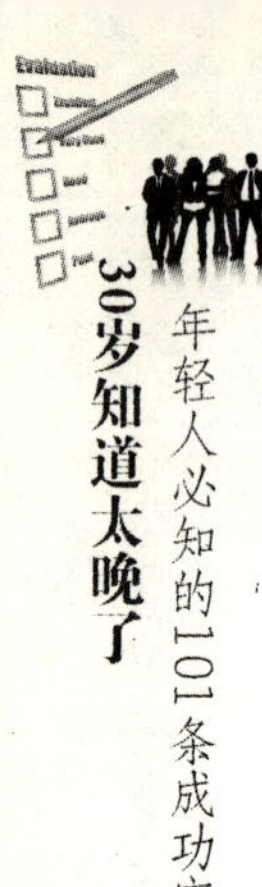

定律94：

30 岁前成功必须戒除的 9 大恶习

年轻人在通往成功的道路上，与建立良好习惯相对应的，就是要克服不良习惯。不破不立，不改掉不良习惯，好习惯是难以建立起来的。

看来，习惯有时会成为阻碍你成功的障碍，让你扔掉握在手里的机会——坏的习惯尤其如此。

生活中有许多坏习惯都是成功人士不可接受的，应该力戒以下的习惯：

1. 喋喋不休。

这种人无论到哪都说个不停，既不看谈话情形，也不管别人想不想听，只管自个儿咕咕唧唧、唠唠叨叨、没完没了，结果是空耗了别人的时间。这种无端占用别人时间的人最不受欢迎，因此年轻人要成功戒除这种恶习。

2. 喜好争辩。

你说长，他偏说短；你说方，他偏说圆。什么事都喜欢与人争论不休，不千方百计把人驳得哑口无言不算完。天长日久，人们对这种人都会敬而远之。

3. 传播隐私。

无论跟谁交往，他们都神神秘秘，喜好窥探他人的隐私，传播别人的奇闻秘事，到处煽风点火，并且以此为乐。这种人，人见人避，因为没有人愿意让自己的隐私在大庭广众之下被别人到处传扬。

4. 说三道四。

不是当面给人提出批评、建议，出谋划策，而是在背后论人长短、说三道四、评头论足、歪曲事实。他们总是戴着有色眼镜看人、论事，把别人说得走了形变了样，以显示自己真理在握、高人一等。这种人，人们都不愿意与之为伍。

5. 随便许诺。

把珍贵的诺言当做卑贱的种子，随处播撒，却从不打算去浇水、施肥、耕耘。许下诺言时信口开河，根本不考虑自己的兑现能力，甚至把诺言当做收买人心的筹码。别人郑重其事，信以为真，满心期望，他却早把诺言抛到九霄云外，既误人又误己。

6. 背信弃义。

这种人没有明确的立身行事的准则，与人相约不守时，与人相交不守德，今天与你称兄道弟，明天就会翻脸无情。你跟他掏心窝子说真话，他反倒借机倒打一耙，置你于死地。

7. 耍小聪明。

这种人说话不真，待人不诚，说话做事喜欢绕弯子。想去打台球，却说去会朋友；自己不同意，偏说别人有意见。每逢有事要做，总是推三阻四，找理由逃避。

8. 不拘小节。

当众抠鼻子、挖耳朵、脱鞋子；不敲门径直闯入别人家，进门后一口把痰吐在地板上；临出门又把主人正在读的书刊拿走。这种人随随便便，大大咧咧，只图自己一时痛快，不顾别人方便与否。这种不拘小节的行为实际上是一种轻视别人的行为，是不尊重他人的一种表现，最不讨人喜欢。

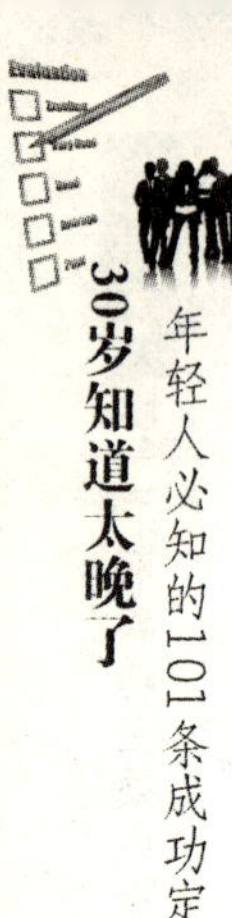

9. 为人吝啬。

一块儿外出吃饭，总是同伴出钱，乘车、看电影也是朋友出钱。从不把自己的东西借给别人，唯恐人家不还他，本来可以助人，却不帮人一把。说话做事斤斤计较，锱铢必较。这种人，朋友都会慢慢离他而去。

10. 刨根问底。

喜欢打听别人的闲事，对对方不愿说、不甚了解、不感兴趣、无法回答的问题硬要刨根问底，非要人家说出个子丑寅卯来，否则便不罢休地追问下去。与这种人相处，你会有一种被审问的感觉。

成功就是简单的事情重复练习

古希腊的大哲学家苏格拉底曾经给他的学生出过一道考题。

一天,他对学生们说:“今天我们只学一件最简单也是最容易的事,即把你的手臂尽量往前甩,再尽量往后甩。”然后他自己示范了一遍。“从现在开始,每天甩臂300下,大家能做到吗?”学生们齐刷刷地回答:“能!”

过了一月,苏格拉底问道:“每天甩臂300下,哪些同学坚持了?”有90%以上的学生骄傲地举起了手。

两个月后,当他再次提到这个问题时,坚持下来的学生只有80%。一年后,当苏格拉底再次问道:“请你们告诉我,最简单的甩臂运动,还有哪些同学坚持每天做?”这时候只有一个学生举起了手。这个学生后来成了古希腊的另一位大哲学家,他的名字叫柏拉图。

柏拉图的坚持也许是他日后成功的因素之一,他给后人留下一句名言:“耐心是一切聪明才智的基础。”伟人之所以伟大,是因为别人放弃时,他还在坚持。

中国的李阳,疯狂英语的创始人,以自己不懈的追求和不断奋斗,演绎了精彩的人生传奇。

他凭一口地道的美式英语被破格录取为英语新闻播音员和谈话节目主持人,凭一口地道的美式英语让许多外国人认为他是美籍华人,而他却非英语科班出身。

很偶然的一次机会,李阳发现,在大声朗读时精神会变得特别集中,于是他就跑到校园空旷的地方大喊英语。为了防止自己半途而废,李阳约了他们班中学习最刻苦的同学每天中午去大喊英语。从1987年冬一直喊到1988年春,4个月的时间里,李阳重复了十多本英文原版书,背熟了大量四级考题。每天,李阳的口袋里装满了抄着各种英语句子的纸条,一有空就掏出来念叨一番。从宿舍到教室,从教室到食堂,李阳的嘴总是不断地运动着。在当年的英语四级考试中,李阳只用了50分钟就答完了试卷,并且成为全校第二名。李阳突然成为一位英语高手,这一消息轰动了兰州大学。

1990年7月,李阳从兰州大学毕业,分配到一家研究所工作。从宿舍到办公室,有一段黄土飞扬的马路,李阳每天从这条马路经过,手里拿着卡片,嘴里念着英语。就这样,坚持每天在太阳出来之前脱口而出40个句子,喊了一年半之后,李阳的人生道路又一次走到了新的转折点。

李阳成功的秘诀无非只有两个字:重复!

"飞人"迈克尔·乔丹也曾坦言,他每天要练习3000次以上各种角度的投篮动作。因为每天投3000次,才有十拿九稳的超水准表现。

由此可见,有时候成功就是简单的事情重复做,容易的事情重复做,平凡的事情重复做。很简单的事情重复做,就是不简单;很容易的事情重复做,就是不容易;很平凡的事情重复做,就是不平凡。

定律96：

善待时间，任何成功都是积累出来的

任何成功都不是一蹴而就的，而是一个长期积累的过程。没有人是一夜之间成名的，使人暴富的摇钱树不过是幻想而已。

一个人的命运是每一天生活的累积，任何小事情都是影响大成就的关键。因此，有志于成功的年轻人，从现在起不要再给自己找借口，珍惜眼下的时间，随时做好充电的准备。

时间是可以找的，哪怕只有10分钟，用这10分钟也一样可以学习。

10分钟可以背4～5个单词；10分钟可以阅读500字左右的文章；10分钟可以读两到三则时事新闻……而这10分钟其实随时都可以找到。

别小看这琐碎的小时间，哪怕每天只用这10分钟来学习，长期的坚持和积累，学什么都不成问题。

历史上，有许多伟大的人物并不是生下来就什么都懂，而是靠长年累月地勤奋积累才取得成功的。

大发明家爱迪生，一生有上千种发明，为人类做出了杰出的贡献。他在制作灯泡时，为了找到合适的灯丝，试验了上千种材料。一次又一次的失败，并没让他气馁，他反而说，失败一次，说明我们距成功又近了一步。

成功的人比其他人更聪明，成功的人比常人付出更多，成功是他们更勤奋努力的结果。由此可见，勤奋是成功的基石，成功需要勤奋的积累。年轻人都有梦想，都渴望成功，然而志大才疏往往是走向成功的一大障碍。一些人看到成功人士功成名就时的辉煌，却忽略了他们艰苦卓绝的努力。人世间没有一蹴而就的成功，只有通过不断的努力才能凝聚起改变自身命运的爆发力。因此，成功需要积累，这是一个真理。

有时生活关闭了一扇成功的门，但同时它也可能为你打开一扇通往成

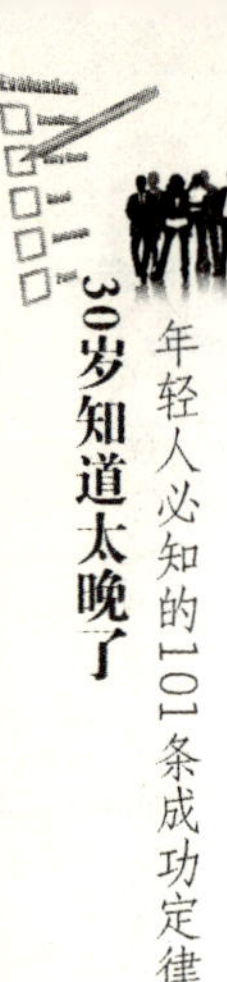

功的窗。正视自己，充满自信，做好眼前的事，积累起明天成功的基石。成功需要铺垫，需要积累。

俗话说得好："千里之行，始于足下。"要"扫天下"必须先学会"扫屋"，分清楚应先扫地还是先洒水，抑或是先拖地板。这样，在"扫天下"时，你才会知道哪些事应该马上解决，哪些事可以暂缓，甚至放弃。

积累成功，就是让我们从小事做起，持之以恒。著名科学家巴甫洛夫以工作精确、细致著称。他写字十分工整，像印刷出来的一样。在年轻时，他就是把工工整整地书写作为自己追求成功的开端。体育名将周晓兰，在球场上吃得了苦、忍得了痛，意志坚强，这与她小时候在小事上的磨炼分不开。上小学时，她喜欢看电影却又怕耽误功课，在父亲帮助下，她学着克制自己就从看电影做起，功课做不完，就把电影票退掉，再好的电影也不去看。经过一段时间的磨炼，她战胜了自己，让自己变得非常有毅力。

积累成功，就是要做好身边的小事。生活其实是由一些小得不能再小的事情构成的，一个不愿做成小事的人，是难以做成大事的。老子告诫人们："天下难事，必成于易；天下大事，必做于细。"要想比别人更优秀，就得在小事上多下工夫。成功靠的是点滴的积累，事无大小，只要一步一个脚印，踏踏实实向前迈进，成功就在前面等着你。

每一件不起眼的小事，都是绝佳的发展机会

在很多人眼里，莲慧的运气特别好。

她的专业在这个行业里并不占什么优势，长相一般，能力也并不出众，但她进入公司后短短的两年时间里，在每一个部门都做得有声有色，每一次升迁都令人刮目相看。关于她的崛起，有各种各样的说法，但大家一致觉得是好运气眷顾了她，给了她得天独厚的机会，否则她凭什么从人事部文员到营销部经理，一路绿灯，一路凯歌呢?

只有她自已清楚，机会是怎么得来的。

刚进入这家大公司的时候，专业优势不明显的她先被分到行政部，做一个并不起眼的文员。在那个部门里，能言善道、八面玲珑的女孩子和深谙权术、势利平庸的年轻人层出不穷。她不惹是非，只是恪尽职守，不过偶尔露露峥嵘。比如，发现了别人输错了数据，她悄悄将其改正了，并不大肆渲染；领导让她做什么，她就竭尽所能，总是在第一时间做到让人无可挑剔。别人扎堆抱怨工作百无聊赖、老板苛刻、地铁太挤时，她在悄悄熟悉公司的部门、产品以及主要客户的情况。

有一次营销部经理偶尔经过她的办公室，看到她处理一件小事情时表现出的得体和分寸感，就打报告要求她去顶他们部门的一个空缺。

营销部令她的世界骤然广阔起来。同原先一样，她的特色就是默默地努力。半年后，她的几份扎实的调查分析报告，为她赢得了一片喝彩。一年后，她已经是营销部公认的举足轻重的人物了，看到她在会议上气定神闲、无懈可击的发言，原来行政部的同事大跌眼镜。

刚刚荣升营销部经理不久，老板请她喝茶，问她愿不愿意接受挑战，去情况并不乐观的北方公司。

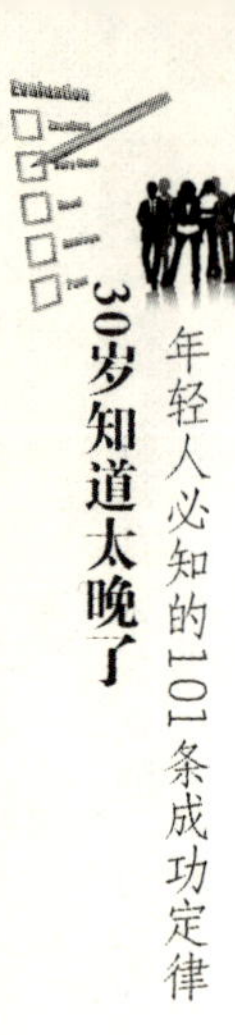

莲慧选择了库存积压最严重的第一销售处，开始了她的第一步工作。寒冷的冬天，她一个人借了一辆自行车，找代理公司产品的代理商，了解产品滞销的原因。几个月后，情况就开始明显改善了。

不知情的人，当然以为她这两年走红运，哪里知道她一天下来腰酸背痛的艰辛。

莲慧去拜访某局长时，偶然听到他同业内另一位局长在打电话，谈论第二天去某景点开会的消息。莲慧回公司后做的第一件事情，就是查了他们在那里入住的酒店。第二天傍晚，一身旅行装束的莲慧与局长们相遇在酒店大堂里，她是来自助旅游的，虽然醉翁之意不在酒，但谁也没有说出来，或者说年长的局长们涵养好，不忍心揭穿她。

几天下来，他们邀请她一起参加活动，唱歌、打牌、聚餐。再后来，认识她的人同她关系更密切了，不认识她的人也慢慢接纳她了，她的客户名单上增加了强势的一群人。第一张大单子就在半年后出现在这群人中。

关于机会，莲慧最有感触：机会来的时候，并不会同你打招呼，告诉你，我来了，千万不要错过我啊。不疏忽平时的每一个点滴，做好每一件不起眼的小事，就是在为自己创造最佳的机会。

和莲慧不同，有些职场中人只是被动地应付工作，为了工作而工作，他们在工作中没有投入自己全部的热情和智慧。他们只是在机械地完成任务，而不是创造性地、自觉自愿地工作。

这种被动工作的员工，很难在工作中获得成就，最终将一事无成。

如果你想攀上成功之梯的最高阶，就得永远保持主动的精神，即使面对缺乏挑战或毫无乐趣的工作，最后也能获得回报。当你养成这种主动工作的习惯时，你就离成功不远了！

不计较小事，体现大风度

不斤斤计较的年轻人，总是能够让人眼前一亮！

一个现代年轻人，应该懂得如何表现自己，他们的成熟、优秀等各种气质与品位都可以在举手投足间得到最好的体现，但绝对要有与世无争、不争名逐利、闲适恬淡的处世态度，绝对要有忍耐、理解和宽容的良好品质。

现代年轻人不管何时何地，应懂得以宽容的心去包容。善解人意、宽容大度、胸襟开阔是年轻人所具备的品质，更是现代年轻人所不可或缺的品位。

“别为打翻的牛奶哭泣”是英国一句古代的谚语，与中文的覆水难收有几分神似。事情既已不可挽回，那就别再为它伤脑筋了。错误在人生中随处可遇，有些错误可以改正、可以挽救，而有些失误就不可挽回了。面对人生中改变不了的事实，聪明的年轻人会淡然处之。

很多时候，痛苦常常就是为“打翻了的牛奶”哭泣，常留心结，挥之不去。本来从容、豁达，行之不难，不是什么大智慧，现在却成了社会的稀有之物，成了大智慧，真让人三思。

牛奶已经打翻了，哭又有何用呢？大不了重新开始嘛！有那么难吗？年轻人需要爱更需要快乐。

人生不如意的已经太多，何不让美好的、真诚的、善意的留在心底，常怀感恩之心看待身边的人和事，笑着面对生活呢？

现代年轻人做事不斤斤计较，总是有能力把复杂的事简单化，简单的事单一化，用一颗平常的心热爱生活，无欲无求，宠辱不惊，这何尝不是一种快乐，不是一种满足，又何尝不是一种超然呢？

或许你会说“站着说话不腰疼”，但是，在人生中，有那么多的无能为力的事——倒向你的墙、离你而去的人、流逝的时间、没有选择权的出身、莫名

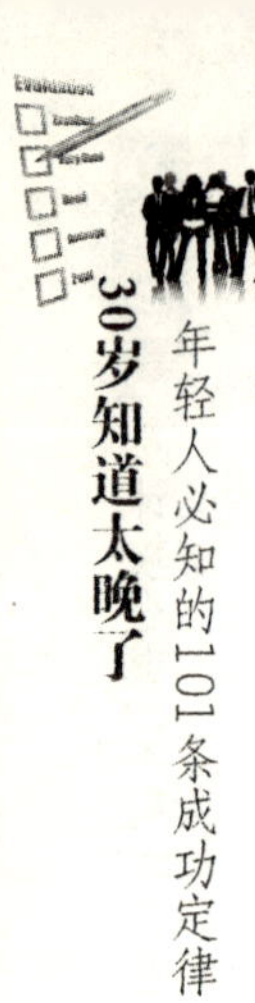

其妙的孤独、无可奈何的遗忘、永远的过去、别人的嘲笑、不可避免的死亡、不可救药的喜欢……与其悲啼烦恼,何不一笑而过?

记住该记住的,忘记该忘记的。改变能改变的,接受不能改变的。

能冲刷一切的除了眼泪,就是时间,以时间来推移感情,时间越长,冲突越淡,仿佛不断稀释的茶。

如果敌人让你生气,那说明你还没有胜他的把握;如果朋友让你生气,那说明你仍然在意他的友情。令狐冲说:"有些事情本身我们无法控制,只好控制自己。"

快乐要有悲伤作陪,雨过应该就是天晴。如果雨后还是雨,如果忧伤之后还是忧伤,请让我们从容面对这离别之后的离别。微笑地去寻找一个不可能出现的你!

死亡教会人一切,如同考试之后公布的结果——虽然恍然大悟,但为时晚矣。

你出生的时候你哭着,周围的人笑着;你逝去的时候,你笑着。而周围的人在哭!一切都是轮回!

人生短短几十年,不要给自己留下什么遗憾,想笑就笑,想哭就哭,该爱的时候就去爱,无谓压抑自己。

当幻想和现实面对时,总是很痛苦的。要么你被痛苦击倒,要么你把痛苦踩在脚下。

生命中,不断有人离开或进入。于是,看见的,看不见的;记住的,遗忘了。生命中,不断地有得到和失落。于是,看不见的,看见了;遗忘的,记住了。然而,看不见的,是不是就等于不存在?记住的,是不是永远不会消失?

心胸狭小是很多年轻人的致命弱点。从小处来说,心胸狭小不利于建立和谐温情的家庭关系,不利于形成良好融洽的人际关系,不利于身体和心理的健康。从大处来说,心胸狭小不利于年轻人家庭地位、社会地位的提高,不利于年轻人的彻底解放,不利于年轻人在事业方面的进步和发展。

人一生要遇到很多不顺的事,20来岁的年轻人同样如此。如果你遇事斤斤计较不能坦然面对,或抱怨或生气,最终受伤害的只有你自己,这种小性格最终会因小失大的,这种小性格更是与成功相去甚远的。

定律99：

细节决定成败，切勿忽视工作中的小事

一些办公室细节往往被男人所不屑，但一个想要成功的人却决不能忽视。随着社会的发展，时代对年轻人的要求越来越高，想要在事业上有所建树，往往要付出比过去成功人士更多的代价，需要从每一个细节上付出更多的努力。

以下是年轻人身在工作岗位，需要认真学习并切身去做的几件小事：

1. 做琐事更要有耐心。

一位缺乏经验的新职员，自然无法期望公司将重要的工作给他来做，换言之，刚刚开始接手的工作往往以一般的杂务居多。这种情况对于刚刚踏入社会，雄心勃勃准备一展才干的青年来说，极易令人产生不满。可是无论心中有多少不乐意，也不要让这些想法溢于言表。从公司的角度来讲，培养新人不容易，必须由基础开始，让他们一点一滴地学习工作内容，等到了一定熟练程度后，才逐渐委以重任。你明白了这一点，便会自觉地做那些琐碎的杂务了。

2. 在预定的时间内完成工作。

在“时间就是金钱”的现代社会里，一个具有时间观念的人是受人欢迎的，尤其是在进行工作时，更要注意按时完成任务。一项工作从开始到完成，一定有预定的时间，而你必须在这个时间内将它完成，决不可借故拖延；如果你能提前完成，那是再好不过的了。

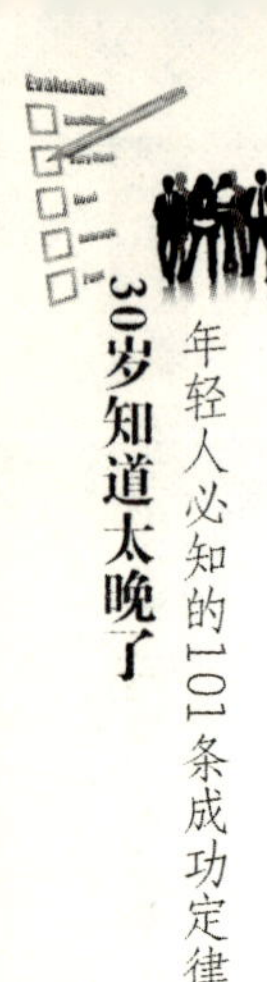

3. 在工作时间内避免闲聊。

聊天的确是人生的一大享受，尤其是三五个好友聚在一起，话题更是包罗万象。但是，并非每一个场合、任何时间都适于聊天，尤其是工作时间应绝对避免。工作中的闲聊，不但会影响你个人的工作进度，同时也会影响其他同事的工作情绪，甚至影响工作场所的安宁，招来上司的责备，所以工作时绝对不要闲聊。

4. 随时收拾并整洁你的办公桌。

有人说过，可以从办公桌上物品的摆置，看出一个人的办事效率及态度。凡是桌上物品任意堆置，显出杂乱无章的样子，相信这个人的工作效率一定不高，工作态度也极为随便。相反，桌上收拾得井井有条，显出干净清爽，想必这是个态度谨慎、讲求效率的人。事实也的确如此，一张清爽、整洁的办公桌的确可提高工作效率。另外，还可以使人对你产生良好的印象，认为你是一个做事有条理的人。

5. 因业务外出时要保持警觉。

“商业间谍”早已不是什么新鲜名词，更何况业务机密的泄露，往往是人为的疏忽造成的。作为公司的职员，免不了要因业务外出，在外出搭乘交通工具或中途停留于某些场所时，应提高警惕，留意自己的举止。

即使是在上班时间以外与朋友会面，也应避免谈及公司的事情：不要将与公司相关的文件遗忘在外出地点；当对方询问有关公司的事情时，应该采取避重就轻的回答方式；因公外出时不可为了消磨多余的时间而随意出入娱乐场所。

“冰冻三尺非一日之寒”，成功不是骤然而起的，而是由点点滴滴的细微的成功凝聚而成的。只有做好工作中的每一件小事，才会取得比别人更丰富的工作成绩。所以，20 多岁的年轻人，要想成功，请从现在起，抓紧时间做好你手边的每一件事，这才是与机会握手的必由之路。

竞争的世界级别是细节

著名的职业经理人汪中求先生写的《细节决定成败》一书，书中提出了细节决定成败的观念，说得很有道理。

“中国人想做大事的人太多，而愿把小事做完美的人太少。”一个做事不追求完美的人，是不可能成功的，而要做事完美，就必须注重细节。一个人要想成功，就要拥有关照小事、成就大事的本领。

海尔公司总裁张瑞敏先生说过一句话：把每一件简单的事情做好就是不简单，把每一件平凡的事情做好就是不平凡。

现在，有些年轻人眼高手低，只想做大事，而看不起小事。所以，汪中求先生在《细节决定成败》一书中说：“能做大事的人很少，不愿做小事的人极多”。年轻人要有理想，要有干大事的雄心，但一定要从小事做起，有把小事做细的韧劲。因为，把小事做好不仅仅是一种工作态度，而且小事中往往掩藏着成功的机会。

一个阴云密布的午后，由于突然而来的大雨，让行人们纷纷挤进就近的店铺躲雨。一位老妇也蹒跚地走进费城百货商店躲避。面对她略显狼狈的姿容和简朴的装束，所有的售货员都对她带搭不理，视而不见。

这时，一个年轻人诚恳地走过来对她说：“夫人，我能为您做点什么吗？”老妇人莞尔一笑：“不用了，我在这儿躲会儿雨，马上就走。”老妇人随即又心神不定了，不买人家的东西，却借用人家的屋檐躲雨，似乎不近情理，于是，她开始在百货店里转起来，哪怕买个头发上的小饰物呢，也使自己的躲雨名正言顺。

正当她犹豫徘徊时，那个小伙子又走过来说：“夫人，您不必为难，我给您搬了一把椅子，放在门口，您坐着休息就是了。”两个小时后，雨过天晴，老妇人向那个年轻人道谢，并向他要了张名片，就颤巍巍地走出了商店。

几个月后，费城百货公司的总经理詹姆斯收到一封信，信中要求将这位年轻人派往苏格兰收取装潢一整座城堡的订单，并让他承包自己家族所属的几个大公司下一季度办公用品的采购订单。詹姆斯惊喜不已，匆匆一算，这一封信所带来的利益，相当于他们公司两年的利润总和！

当他迅速与写信人取得联系后，方才知道，这封信出自一位老妇人之手，而这位老妇人她正是美国亿万富翁“钢铁大王”卡内基的母亲。

詹姆斯马上把这位叫菲利的年轻人，推荐给公司董事会。毫无疑问，当菲利打起行装飞往苏格兰时，他已经成为这家百货公司的合伙人了。那年，菲利22岁。

随后的几年中，菲利以他一贯的忠实和诚恳，成为“钢铁大王”卡内基的左膀右臂，事业扶摇直上、飞黄腾达，成为美国钢铁行业仅次于卡内基的富可敌国的重量级人物。

这位小伙子成功地得到晋升并发财致富，并不是由于他的才能，而仅仅是能周到服务的一个细节。他之所以能够得到赏识和回报，是因为他积极主动地为人服务，如果他对人态度冷漠，或者强买强卖，或者不允许不买东西的人到他的柜台前，那他可能也就丧失了这样的机会。所以，这种偶然的机会，也在他的热情主动的服务中蕴藏着成功的必然。

“天下大事，必作于细；天下难事，必成于易。”我们每个人的一生中都能遇到很多次帮助别人的机会，但谁能够认真对待这种“小事”而去做了呢？

由此可见，“世界级的竞争，就是细节竞争”。在现代这样的社会里面，对细节的重视已经深入人心。作为一个企业的管理者，不仅要关注企业宏观战略的内容，更要注重企业微观方面的管理内容。企业的执行人员，要从细节入手把工作做细，从而在企业中形成一种管理文化，那就要注重战略百分百的执行，从而使企业具有极其强大的竞争力。

定律101：

1%的阴霾会导致100%的失败

在很多时候，你或许会郁闷，我和某某生长在同一个城市，就读于同一所中学和大学，智商也差不多，甚至比他还要聪明，但是为什么几年之后，他取得了很大的成就，而自己却仍在原地踏步？

你是应该问问自己了，为什么条件跟你差不多甚至还不如你的朋友，都已经飞黄腾达？而你摸爬滚打了这么多年，却依然没有拥有一份适合自己的事业呢？其实，这所有的差距都源于你的心态。

成功学家拿破仑·希尔说过："任何人之间只存在很小的差异，但是正是因为这微小的差异的存在，却造成人生中巨大的不同。"其实，拿破仑·希尔所说的这个微小的差异就是一个人的心态。一定意义上，心态决定了你人生的成败，如果你以消极的心态对待事情，如果在你的心中有了1%的阴霾，那就会因为这1%的阴霾而导致事情100%的失败。

1%的阴霾会导致100%的失败，可以理解为"100－1＝0"。"100－1＝0"这是个古老的定律，定律最初来源于一项监狱的职责纪律：不管以前干得多好，如果在众多犯人里逃掉一个，便是永远的失职。后来，这个规定被管理学家们引入到了企业管理和商品营销中（包括服务行业），很快就得到了广泛的应用和流传。它告诉我们：对顾客而言，服务质量只有好坏之分，不存在较好较差之分。好就是全部，不好就是零。

在人的一生中，主角是谁，这是由你自己来决定的。你可以驾驭自己的生命，同样你也可以被生命驾驭。生命和你谁是"骑士"，谁是"马"，这要由你自己的心态来定。

面对同一件事情，不同的心态就会收获截然不同的结果。积极的心态可以让一个人变得优秀，可以让你超常发挥自己的才能，而消极的心态却会

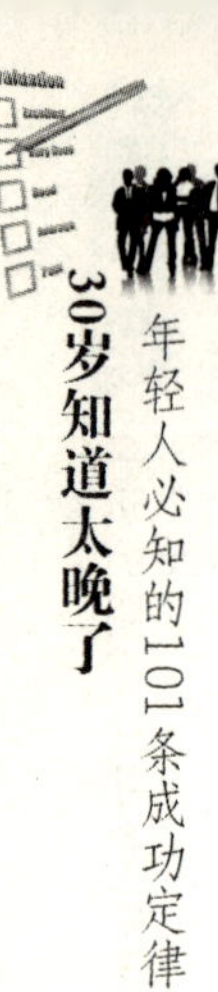

把原本优秀的人变得不再优秀，甚至会把一件看起来很简单的事情变得糟糕。当你无法改变世界的时候，还是先改变自己的心态，调节自己的心情吧！当你以积极的心态面对原本不美好的东西时，它会因为你积极的心态而变的美好起来，同样当你抱着积极的心态来做一件事情的时候，原本不可能成功的事情，也会因为你积极地对待而获得意想不到的成功。换一种心态，就会换一种结果，一个人的一生能否成功，在很大程度上是由你的心态而定的。

成功的人之所以可以成功，并不是因为他们具有过人的才华，也不是因为他比我们幸运，更重要的是，他们拥有成功人的心态。

潜能成功学家罗宾说："在成功面前，你对待事情的态度，远远比你的能力更重要。"你对待事情的态度是积极还是消极，这将直接决定着你是成功还是失败！心态决定成败，当你以积极的心态面对人生的时候，你的生活中就会充满阳光和雨露，当你以积极的心态面对你身边的人时，别人也会对你报以真诚的微笑，当你以积极的心态面对挫折和困难的时候，很多的事情也就会迎刃而解。

亲爱的年轻朋友，如果你想让自己成功，如果你想把自己美好的理想变成现实，首先让自己学会改变心态。无论什么时候，都一定让自己记住：要改变事情，请先改变心态，千万不要因为你心中 1% 的阴霾而导致 100% 的失败！